室内设计师.**47**
INTERIOR DESIGNER

编委会主任　崔恺
编委会副主任　胡永旭

学术顾问　周家斌

编委会委员

王明贤　王琼　王澍　叶铮　吕品晶　刘家琨　吴长福
余平　沈立东　沈雷　汤桦　张雷　孟建民　陈耀光　郑曙旸
姜峰　赵毓玲　钱强　高超一　崔华峰　登琨艳　谢江

支持单位

上海天恒装饰设计工程有限公司　北京八番竹照明设计有限公司
上海泓叶室内设计咨询有限公司　内建筑设计事务所
杭州典尚建筑装饰设计有限公司

海外编委

方海　方振宁　陆宇星　周静敏　黄晓江

主编　徐纺
艺术顾问　陈飞波

责任编辑　徐纺　徐明怡　李威　刘丽君
美术编辑　卢玲

图书在版编目(CIP)数据

室内设计师. 47，独立酒店 /《室内设计师》编委
会编 .—北京：中国建筑工业出版社，2014.5
ISBN 978-7-112-16866-8

Ⅰ. ①室… Ⅱ. ①室… Ⅲ. ①室内装饰设计 – 丛刊②
饭店—室内装饰设计 Ⅳ. ① TU238-55 ② TU247.4

中国版本图书馆 CIP 数据核字 (2014) 第 100659 号

室内设计师　47
独立酒店
《室内设计师》编委会　编
电子邮箱：ider2006@qq.com
网　　址：http://www.idzoom.com

中国建筑工业出版社出版、发行 (北京西郊百万庄)
各地新华书店、建筑书店 经销
上海雅昌彩色印刷有限公司 制版、印刷

开本：965×1270 毫米　1/16　印张：11½　字数：460 千字
2014 年 5 月第一版　2014 年 5 月第一次印刷
定价：40.00 元
ISBN978 - 7 - 112 - 16866 - 8
(25650)

▌CONTENTS

VOL.47

幕墙宅

从坂茂得奖说起

撰　文 | 王受之

2014 年的普利茨克大奖授予了日本以环保、可持续发展为主要设计诉求的建筑师坂茂，如果从普利茨克奖这些年获奖者的类型来看，也应该是他了。每一次颁奖之后，总有人会问我为什么。2012年，当王澍获得普利茨克奖的时候，不少人问我是不是特别喜欢王澍的设计。我回答说他的设计未必是我们最喜欢的，普利茨克委员会也未必认为他的建筑是最好的，他的获奖在很大程度上来说，是这个委员会对于中国建筑发展的一个探索方向的认同；具体到王澍这个人，就是对不要模仿西方建筑、不要设计巨大的地标型建筑、多考虑用民族动机、多使用再生材料的考虑。所以，普利茨克奖是一种方向的支持，并非针对某种绝对正确建筑的奖项。我们好多人总是把这个奖和吉尼斯混为一谈，这是不了解普利茨克的方式。普利茨克委员会不是在扶掖优秀设计师，也不是为某个炫目的建筑颁奖，而是在通过颁奖推动国际建筑的走向。比如 1979 年获奖者是菲利普·约翰逊（Philip Johnson），那是国际主义风走到尽头、后现代主义已经轰轰烈烈地兴起的时刻，给最后一个国际主义风大师颁奖，是肯定影响战后二十多年的这个运动的成就，因此有总结的意义。

这次坂茂得奖，我并不惊异，因为对于他来说，获得普利茨克奖仅仅是迟早的问题。用可以循环的生态材料做临时性建筑，并且长期坚持这个探索方向，国际建筑界这类设计师少之又少，以至于谈到生态建筑，好像非坂茂莫属的感觉。

在新一代的日本建筑家中，1957 年出生的坂茂可以称得上是一位"超级明星"。他那些用纸张、纸筒等低成本、可回收原料建成的非常有创意的房屋、展厅、居室、甚至教堂，令世人惊叹不已，早几年他已经被美国《时代周刊》杂志列为 21 世纪建筑和设计界最有创造性的人物之一。

坂茂于 1977 年至 1980 年就读于洛杉矶的南加州建筑学院，后到库伯联盟建筑学院继续深造，于 1984 年毕业。他的导师是纽约五人组中最具试验性精神的约翰·海杜克（John Hejduk）。在著名日本建筑师矶崎新的事务所工作一段时间之后，坂茂于 1985 年成立了自己的设计事务所。

坂茂最早引起国际建筑界瞩目的作品，是他在 1995 年为神户大地震灾民设计的用纸板和纸筒建造的庇护所，其造价低廉，施工技术简单，灾民自己便可动手建造。坂茂曾经担任过联合国难民委员会的顾问，并因他所设计的这类可以快速低价建成的临时住宅，而被称为"急救建筑师"。这些简易庇护所曾为 1999 年卢旺达的战争难民和 2008 年中国四川的地震灾民提供了临时栖身之所。2011 年，日本遭受严重地震、海啸和核灾难，坂茂的纸品建筑亦为灾民送去了温暖和关怀。

坂茂从不张扬他的结构元素，他认为，结构只是配合建筑整体的一种设计手法；他也从不追求"最新潮的"材料和技术。他在选择材料的时候，注重的是造价低廉、可回收再生、加工时技术含量不高、制造过程中资源浪费很少，以及容易被更换等特点。2000 年在德国汉诺威举办的世界博览会上，坂茂和建筑师弗雷·奥托（Frei Otto）、工程师布罗·哈帕德（Buro Happold）合力设计和建造的日本馆荣获世界建筑大奖（the World Architecture Award）。这个作品像一个用格栅结构支撑的大帐篷，空间特别大，内部空间体量为 74m×25m×16m，原本完全是利用纸张和纸筒建成的。原材料全部来源于再生纸，拱形主厅由 440 根直径 12.5cm 的纸筒呈网状交织而成，纸张厚度仅仅只有 0.25cm，是极薄的防水、防火纸筒。纸筒之间不用机械铆合，而是用胶带粘合，施工极为简单。虽然因德国严格的建筑法规迫使坂茂不得不用一点木结构和金属构件加大结构强度，这个建筑始终是一个比较单纯的纸屋子。世博会结束后，建筑材料又运回日本，重新打成纸浆，做成小学生的练习本，充分体现了"零废料"的理念。

坂茂的作品，并不都是"短命"的。1995 年 9 月，他在神户震后设计了用少量资金且可迅速组装的鹰取教堂（Takatori Catholic Church），因所用材料而被昵称为"纸教堂"，成为当地的救灾基地，被多个救灾 NGO 团体

The Pritzker Architecture Prize 2014

裸宅

裸宅室内

作为据点，在救灾中起到重要作用。2005 年，"纸教堂"被拆卸运去中国台湾南投，赠给该地区 1999 年"9·21"大地震的灾民。2006 年运抵中国台湾后，"纸教堂"被重新组装起来，沿用至今。

　　虽然因为纸建筑而出名，但坂茂对材料的使用并没有偏见，他也很喜欢使用金属、玻璃等材料。2004 年，坂茂和他的团队参加了法国东部美茨市蓬皮杜中心 (Musee d'art Moderne Georges Pompidou,Metz,France) 的设计竞赛，从 153 个竞争者中脱颖而出。他的设计中最受瞩目的是中心屋顶——这把巨大的、正六边形的"大伞"，以木材作桁架，用钢条和夹板条斜向编织成格状"骨架"，再铺上半透明的涂有聚四氟乙烯的玻璃纤维薄膜，冬可御寒，夏可遮阳，灵感来自传统的中国竹编斗笠。"伞"的下面是三个水泥方盒子似的展厅，整个中心用可开合的玻璃遮板围合起来，关上则自成一体，打开则与室外的花园绿地连成一片。该中心于 2010 年 5 月建成向公众开放。

　　在坂茂的身上，可以看到多种建筑学派的影响。首先，他是一位日本的建筑师，他所采用的许多动机和方法来自于传统的日本建筑。日本传统建筑中，各个房间的地板都是"一马平川"地相互连通的，坂茂设计的房子里，地板的高度也总是不变的。而他选择海杜克为导师，则是希望能走出一条与众不同的建筑之路来。海杜克非常理性的建筑观为他提供了一个重新审视西方现代主义的新视角，从而对于日本的传统空间也有了更丰富的感受。作为一位在西方接受教育并深受西方建筑思想影响的日本建筑师，坂茂很自然地将东方和西方的建筑形式、设计手法结合起来。坂茂是一位生态建筑师，但同时，他也确实是一位现代主义的建筑师，一位非常理性的日本试验家。他的名言是"我憎恨浪费"，这也是他在设计实践中的哲学依据。

　　今年普利茨克奖评审对坂茂的得奖评语肯定了他的设计在材料的使用上具有创造性、发明性，称赞他对于全世界人文的关怀，并且称他为"年轻一代和所有人的一个具有责任心的老师、一个典范和榜样"。换言之，就是说他不但身体力行地用再生材料设计简易建筑，解决很多迫在眉睫的掩蔽所搭建问题、建造的费用问题、循环使用的问题、生态影响的问题，并且也以身作则，带动了 21 世纪的可持续设计运动。不仅仅是他的作品，而且就连他的为人都获得尊重。END

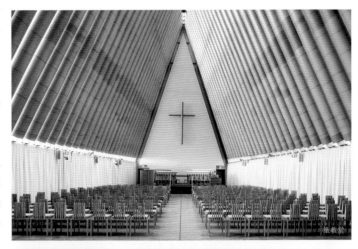

纸教堂

纸隔间系统

土生土长的独立酒店

撰　文　|　雨成

你很难想象人们的兴趣变化如此之快，不久之前，人们还盯着品种繁多的各式五星级酒店，瞬间，"连大堂香型都各地统一的"全球连锁五星级酒店又令挑剔的旅客们不满。寻找出行的惊喜则成为新的流行趋势，而独立酒店则成为了人们出行的新选择。这类甚至在全世界只有一家的独立酒店，用特别的方式吸引着各国游客慕名而来。

作为一种反标准化的产品，其代表的就是一种与主流酒店的标准化相对应的个性化产品。曾在 1984 年就在纽约麦迪逊大道设立摩根斯精品酒店（Morgans）的史蒂夫·鲁贝尔就提出，独立酒店这一蕴含 "时尚"、"独特" 和 "个性化" 等意味的概念。罗莱夏朵寻找联盟酒店的第一个条件就是物业必须独立。其亚太区总裁 Stéphane Junca 曾表示，物业由主人而不是总经理照看，他赋予物业灵魂，与客人分享幸福的时刻，让客人能够去发现和了解当地的特色、文化、传统和美食。

独立酒店一般都会以鲜明的个性形象、独特的视觉效果，与高级酒店千篇一律的形象区分开来。风格化、独特性以及亲切感、私密性共同成为独立酒店设计的关键词。独立酒店的室内设计并不会盲目追求流行时尚，而是非常强调酒店个性，并给住客亲切、舒适的空间体验。独立酒店的室内设计往往会鲜明地表达某种审美情趣，或者将地理优势与酒店有机地融为一体，或是体现酒店周边的历史沿革。

对于国际酒店集团来说，消费者或许并不知道旗下的某一家酒店，但对酒店品牌的名字早就耳熟能详，相比之下，独立酒店需要花更多的时间和努力来打造自己的品牌形象以及在消费者中的认知。独立酒店的很多投资者都属于长期投资，因为他们很清楚建立一个品牌需要花相当长的时间。豪华酒店的历史到今天也不过 100 年到 150 年的时间，早期的酒店事实上都是独立酒店，而只是在最近的 20 年到 30 年之间，像四季、丽兹卡尔顿这样的独立酒店慢慢变成了连锁酒店集团，而现在文华和半岛也变成了酒店集团，因为它们发现集团化的发展来的更有效率。现在的独立酒店往往属于某一个有强烈社区意识的人，他希望用自己的方式去表达对旅行服务招待的理解，所以独立酒店不会是进口来的，而只能是土生土长出来的。酒店集团希望让自己的酒店在世界各地看起来都一样，为他们的客户营造出一种走到哪里都有亲切感的体验，而独立酒店则是需要把自己的与众不同与独特推销出去。

加入那些成熟且卓有成效的酒店协会则是独立酒店发展推广的上佳选择，而对消费者亦然。这些协会的乐趣就是帮助各类人群寻找到他们可以住的地方。那些住的地方总是会让你怦然心动，比如具有传奇色彩的古老酒店、遗世独立之处的度假酒店、设计出彩的城中时髦酒店等。如果你熟悉这些酒店协会，其实，挑选独立酒店并不是件难事。

目前，较为著名的独立酒店联盟有罗莱夏朵（Relais & Châteaux）豪华精品酒店联盟、LHW(Leadings Hotel Worldwide，立鼎世酒店）协会以及 Design Hotels(设计酒店) 协会和 SLH(Small Luxury Hotels，小型奢华酒店）协会等。他们有着各自的特色，比如设计酒店协会则是主打 "设计"，他们旗下的每家成员都会呈现最为型格的各款设计风格，而罗莱夏朵则主打 "美食"，旗下酒店亦尊重所在地区精神风貌、保育当地原有真实特色，SLH 则是主打小型兼奢华。

对这些酒店联盟来说，突出每一家酒店的独特之处是最为重要的宣传策略。LHW 就曾想到还原一些电影中的场景来吸引游客。LHW 总裁 Ted Teng 说："旅行和电影其实有很多相似之处，电影把你带到一个不同的时空，给你讲述一个特别的故事，你从中得到愉悦的享受，而旅行不仅仅停留在想象中，而是把你真正带到一个全新的地方，让你亲身感受当地的文化历史。" <small>END</small>

罗莱夏朵
RELAIS & CHATEAUX

成立于 1954 年的罗莱夏朵豪华精品酒店联盟，最初由 Marcel 及 Nelly Tilloy 购入名为"La Cardinale"的物业开展。两人从巴黎走到尼斯，寻觅志趣相投，同样追求卓越质素、热爱精致美馔与生活艺术的酒店和餐饮企业家，创立罗莱夏朵。目前，成员已超过 515 家，遍布多个国家和地区。每间物业皆尊重所在地区的精神风貌，保育当地原有真实特色。宾客体验时会感受前所未有的窝心礼遇。

ID =《室内设计师》

Jean-François = Jean-François FERRET（罗莱夏朵联盟首席执行官）

ID 与连锁酒店相比，独立酒店目前的发展情况如何？您能否概括下独立酒店的特色？

Jean-François 独立酒店是一个正在增长的市场。消费者们渴求在连锁酒店中没有的那些非标准化的，独特而真实的服务与体验。这种需求在度假类型的酒店中是非常明显的，但近年来，这种趋势正向商务型酒店蔓延。

差异化、探索性、惊艳是人们选择酒店的驱动力。罗莱夏朵的口号是"在世界的每个角落，体验至尊无二的奢华"，因为我们旗下 515 家酒店与餐厅都是属于不同的业主，有着不同的设计，为顾客呈现不同的方式。客人可以感受到"酒店经营者的灵魂"。没有任何一家罗莱夏朵的成员与其他的是一样的。每一家酒店都由其拥有者来管理运营，而这个人（或是团队）是最能够反映这家酒店特色的。这个人能做的事情远大于一个总经理，我们叫他 Maitre de Maison（法语：主人）。Maitre de Maison 与他所在的酒店是一体的。他是愿意和他人分享的人，也能够鼓励自己展示出一样的激情、宽厚和自豪感。 他在分享和给予上有独特天分，而并非是遵从某种惯例。这个主人有时可能是一个家族的数代人，经年累月地将设计、服务与美食融会贯通到他们的酒店艺术中。每位客人同时可以感受到"土地的味道"，这种感觉会在建筑、设计、各种活动以及主厨的创造等不同的方面中体会到。我们旗下 515 名会员去年的营业额达到 18 亿欧元，与 2012 年相比增长了 9.5%。

ID 目前，很多独立酒店都开始逐渐成为连锁酒店，比如安曼酒店、四季酒店、文华东方等，它们都逐渐成为酒店集团，而有些独立酒店也开始加入酒店集团，比如意大利佛罗伦萨的 Belmond Villa San Michele 就在前些年加入了东方列车。你对此现象怎么看？

Jean-François 我们也注意到了这个现象。但是罗莱夏朵并不是个连锁酒店或者组织，我们并不像很多连锁酒店集团那样管理酒店或物业。客人需要越来越多的个性化服务，这些是只有小型酒店可以提供得了的，这就是连锁酒店为什么试图建立小型酒店品牌或者系列的原因。但是罗莱夏朵与其不同之处在于，我们可以提供哪些独一无二的服务。这些服务只能是由我们旗下酒店的所有者或者管理者提供的，他们将他们自己，乃至整个家族的生命都奉献给了酒店，他们可以提供给客人从未有过的愉悦体验。这些是那些仅仅拥有小型且漂亮房间的连锁酒店所不能比拟的。

ID 罗莱·夏朵的入选标准是什么？

Jean-François 我们目前在 64 个不同的国家一共拥有 515 家酒店，在过去的几年里，我们旗下的成员正稳步地增长。但是，罗莱夏朵的目标并不是数量上的增长，而是维护甚至不断提升我们的品牌。我们的入选标准是非常严格的，除了有一套严格的既定的标准外（超过 300 条），还有来自于客人的评价，共有 10 位检察员会匿名地去考察那些潜在的成员以及新的申请者，他们确保最终入选的成员具有"5Cs"，即"Courtesy 殷勤，Charm 魅力，Character 特色，Calm 宁静，Cuisine 美食"。

珍馐佳肴是我们的经营圣经，经营一流的餐厅也是成为罗莱夏朵会员的先决条件。如果将罗莱夏朵主厨的米其林"星星"相加的话，超过 320 颗。检查员们需要确认这些申请者是否能达到我刚描述的"酒店经营者的灵魂"以及"土地的味道"。在通过层层审查后，申请者才能拿到我们的会籍"友谊通行证"（Passport of friendship）。这是种强烈的归属感，代表着进入了我们拥有严格管理与组织价格的大家庭中。罗莱夏朵是个非盈利的组织机构，每一位成员都是罗莱夏朵的一部分。我们的客人往往会在我们的会员物业里体会到罗莱夏朵的家族精神，他们也会希望去探索我们旗下的其他目的地。

ID 罗莱夏朵是个小型独立酒店组织联盟，你们会通过怎样的方式来推广旗下酒店？

Jean-François 罗莱夏朵自 1954 年成立以来，我们一直在提升我们的品牌。目前，我们共有 90 个人的团队正在维护罗莱夏朵的品牌以及旗下成员，除了巴黎总部外，还有 12 间办事处散布世界各地，不过，巴黎、纽约和新加坡的办事处是主要的办事处。我们团队的主要任务是发展罗莱夏朵的成员，提高品牌的认知度与声望。我们同时也会帮助我们的成员推广宣传它们的酒店。几年前，我们开始将自己的销售团队与渠道共享给旗下成员，2013 年度的销售额达到了 1.12 亿欧元，其中，客房销售额为 9400 万欧元，礼券销售为 1800 万欧元。

罗莱夏朵的网站和针对智能手机电脑（IPad、IPhone 以及 Android）的应用程序共有七种语言；在巴黎、新加坡和纽约分别设立了 24 小时的呼叫中心服务；有 8 名同事负责全球各地旅行社的对接以及路演、组织活动以及像 ILTM 这样的展会。罗莱夏朵在中国大陆的发展非常迅速，办事处就设在上海。**END**

设计酒店
DESIGN HOTELS™

Design Hotels™ 共精选全球 40 余国超过 250 家独立经营的精品酒店，其中的任何一家都代表了一种"原创精神"，通过不凡的设计与建筑，为入住者提供独一无二的体验。该组织于 1993 年由 Claus Sendlinger 先生所成立，提供会员酒店旅游产业的专业知识，从市场趋势咨询到国际营销展示。其企业总部设于德国柏林，分支机构涵盖伦敦、巴塞罗那、纽约、新加坡与柏斯。

ID =《室内设计师》
Claus = Claus Sendlinger（设计酒店 CEO）

ID 是什么让你开始想创立设计酒店组织（Design Hotels™）的呢？

Claus 我在 20 岁出头的时候就开办了一家旅行社，经营旅游项目和活动策划，那时我满世界地跑，为音乐人、DJ、艺术家等有创造性想法的人组织策划活动。那些人都很有主见，希望能和有共同理想的人交流，但是在那个年代，要找到拥有创造性氛围、吸引个性人群的酒店还真是一大挑战。所以我才决定发掘这类的酒店，并把它们集合在一起，这就是我创立"设计酒店"的由来。

ID 什么样的成员才是你心目中的设计酒店？

Claus 一个好的设计酒店是建立在创办者独特的设计及生活理念之上的，而不是靠邀请某个著名设计师来设计就能达成的，仅仅在大堂里摆上 Eames 的椅子，是不能成为"设计酒店"一员的。因为每一个创办者都有着自己精彩的人生故事和富有远见的生活理念。酒店就是他们人生的某种映射。下榻这样的酒店，就仿佛进入了他的世界，你不仅可以得到贴心的服务，还可以拥有进入到类似"同一类人"的圈子的体验。同时，我认为成功的"设计酒店"要反映本土文化，并用独特的设计元素让客人与这个地方有情感上的交流。

ID 如何成为"设计酒店"的一员？你们有什么标准？

Claus 我们选择酒店的时候会看它整体建筑的风格、设计、服务、餐饮，还有顾客和酒店整体感觉的融洽度，不过我们并没有定下条条框框的标准。希望加入我们的酒店可以从网上提出申请，并深入描述他们的理念，如果他们的理念吸引我们，我们的项目负责人会和运作、经营、设计这家酒店的人见面，了解他们的理念和想法是否和我们契合。总体上看，我们每年批准成为设计酒店新成员的酒店数目不到申请总数的十分之一。

ID 你们组织旗下的酒店大多都是独立酒店，所以也没有一成不变的标准，你认为独立酒店的拥有者和设计者在一家设计酒店中分别扮演了什么样的角色？

Claus 酒店背后的人和其独一无二的理念是我们最看重的资产。我可以很自豪的说，我们旗下每个酒店都是由非常有创意的人设计和经营的，他们就是那个原创者。设计师、投资人、厨师……所有这些幕后英雄都是原创者。我们也通过系列活动去彰显每一位原创者自我的一面：真实、有责任心、富有创造力等，每一个原创者都代表着一种独特的、自发的审美经验，在他们设计的酒店中体现得淋漓尽致。

ID 设计酒店各自有不同的风格，在加入你们组织后，它们会继续保持各自的风格吗？还是会有一些跨文化的整合？

Claus "设计酒店"就像是每一个独一无二的、以设计为代表的酒店头上撑起一把伞，我们的核心理念是每家酒店都应该保持其独一无二的个性。标准化、整合以及统一都会对我们的品牌造成致命的损害。 **END**

La Réserve

La Réserve 目前旗下已拥有几家独立酒店，均以奢华著称，巴黎的 La Réserve 位于 du Trocadero 艺术装饰广场，与埃菲尔铁塔遥相呼应，是法国现代豪华的代表。在设计上摒除所有华而不实的金边框架、古老油画和沉重的织锦窗帘。这里推崇的是低调的优雅，精致的酒店房间内都是时尚、中性的装饰。每一间套房都配有私人办公室、餐厅和花园，绝对是要求生活品质的时尚精英的首选。而日内瓦的 La Réserve 则是家主题度假村，坐落于日内瓦湖畔，四周环绕着一座面积达 60 亩的美丽园景公园。Michel Reybier 先生是巴黎和 La Réserve 酒店的业主。

ID =《室内设计师》
Michel = Michel Reybier

ID 您是如何经营 La Réserve 的？

Michel 我认为独立酒店都会热情而周到地提供给客人优雅而简洁的生活方式，这是种非常不同寻常的服务方式，他们与每位客人的关系非常微妙，只有这样，才能让客人觉得是"在家里"，他周围的人都拥有相同的价值观。为了实现这一目标，就意味着我们的团队都非常热情，而且能够契合与理解这种价值观。这也涉及到非常细致的人性化管理。我们的团队都非常自豪能够为 La Réserve 服务，并且能以其服务来表达对奢华的理念与价值观的认同。独立酒店必须以一些简单而微小的细节与其他酒店区分开来，而一些特别的标签也会令客人们在每次选择住宿时趋之若骛。

ID 对你的品牌有什么规划？

Michel La Réserve 希望能够持续的发展扩大，这样，我们的忠实客户们就可以与我们一起探索更多地方。我们希望与我们的客人延长那些他们所喜爱的非常具有个性的，且亲密而特别的共同体验，我们希望在他们的每一次光临都会有一个不同的故事。而这就需要我们的品牌能更加扩张，才能保证这些客人拥有那些高雅的体验。

ID 请归纳一下独立酒店的特点。

Michel 独立酒店必须具有个性而不是千篇一律。每一家物业都必须在考虑历史的同时，反映它自己独特的环境。这就意味着独立酒店的最基本的特点包括历史和地理位置，而进一步的特点则是通过其建筑、装饰和服务等来进一步挖掘并重新定义酒店个性。<small>END</small>

悉尼 QT 酒店

悉尼 QT 是家豪华而独特的精品酒店，设计以怪异新奇而闻名，其室内装饰的个性是最为鲜明的，融合了哥特式、装饰艺术，并受到意大利风格的架构影响，形成了令人眼花缭乱而又充满魅力的室内软装设计。

ID =《室内设计师》

ID 你是如何经营悉尼的 QT 酒店的？

QT 每一家 QT 的物业都独具个性，他们的设计、主题和硬件其实都是每个城市的折射，QT 酒店希望通过独特的服务令旅行者享受到令人热血沸腾的体验。

ID 你对 QT 的品牌规划是怎样的？

QT QT 是个非常进取的品牌，目前已经在澳大利亚的黄金海岸、道格拉斯港、Falls Creek、悉尼以及堪培拉都有物业，我们目前计划将我们的品牌扩张到墨尔本、柏斯和澳大利亚其它城市和旅行目的地。

ID 你能归纳一下悉尼 QT 酒店的特点吗？

QT 悉尼 QT 酒店是一家前卫的精品酒店，拥有边缘艺术、令人热血沸腾的室内设计以及历史性建筑。目前，奢华型设计酒店都有个增长的趋势，就是为客人提供深度体验，这种体验不仅包括城市本身，也包括城市里的人。这种概念是为了满足那些越来越注重寻求不同体验的旅行者以及那些具有创造激情的本地居民的需求。对前者而言，悉尼 QT 酒店会为这些旅行者提供一些只有当地的内行才会精通的独特体验；而针对后者而言，QT 酒店总是会吸引着那些很酷的人群聚集，他们会在这里用餐、开派对，创造一种创意的氛围。<small>END</small>

湖边邨

　　杭州湖边村建筑群坐落于西子湖畔，在民国时期曾为徽浙两省公路总督私邸，现为杭州市文物暨历史保护建筑的文化历史积淀。刘政奇拿下了四栋整齐的两层砖木结构的老建筑，打造了仅有17间客房的"湖边邨"，令其成为以历史建筑来诠释中国现代生活品质的精品度假酒店，这也是浙江省内唯一一家精品酒店集团罗莱夏朵成员。

ID =《室内设计师》
刘 = 刘政奇

ID 你如何经营自己的品牌？

刘 酒店最大的功能就是"睡眠"，我们客房完全可以解决，房间的面积、特色和设施，应该说都不错；饮食也是很重要的，我们会在早餐提供一些具有杭州特色的小吃，比如片儿川、葱包烩、小馄饨等，下午茶和正餐也比较有特色，因为罗莱夏朵是世界上拥有星星（指米其林的星）最多的集团，所以我们的晚餐也调整至西餐，主要做比较适合中国人口味的法国南部的菜，在店外，我们还会提供湖面早餐，下午茶时间的湖面小酌等；酒也是现代人非常关注的部分，我们的酒单几乎包括了世界上所有的产区的红酒，同时，也有很多在国际上得过奖的中国的酒，另外，

威士忌、鸡尾酒之类也都很特别，还有些非常地道的中国饮品，如上海牌咖啡、崂山矿泉水等。我们属于度假型酒店，很多客人都希望深度了解杭州，我们也在店内推出了很多收费和免费的活动，比如我们会安排客人去寺庙听早课，骑脚踏车游西湖，也会有收取基本费用的部分，比如去听道教音乐等。

ID 对"湖边邨"品牌有什么规划？

刘 目前我们正在规划湖边邨的二期，我们会把旁边两栋很有历史故事的老别墅拿下来，目前平面已经基本定下来了，现在一期的石库门是与"平民"相关的民国故事，而二期则是与富豪的故事更相关。而我们也打算打造一个以湖边邨为主题的生活美学馆，出售

些湖边邨主题的有特色的纪念品。

　　更远一点的计划是，我们会打造一个品牌，但具体的名字还没有想好，湖边邨是第一家，我们计划会在杭州再开两家具有地域特色的精品酒店。接下来，也有可能将这个品牌规模扩大，落户江浙沪其他城市，甚至于全国。

ID 请归纳下独立酒店的特点。

刘 每家独立酒店应该都是不一样的，就像罗莱夏朵的口号那样，"遍布全球，独一无二"。每一个物业看似不一样，但是会有神似，那种隐隐约约的一样的东西你会感受得到，比如都想表达的关于生活美学或者地域文化的主题，就像写散文一样，形散而神不散。**END**

莫干山里法国山居

　　莫干山里法国山居，位于莫干山镇紫岭村仙人坑，该项目是由法国人司徒夫（Christophe Peres）投资。这间小型酒店曾经是司徒夫的家，如今变为酒店，房间也不是特别多，有着家一样的布置。整间酒店法国乡村风格浓郁，有着隐居山间的想法。

ID =《室内设计师》
司 = 司徒夫

ID 你如何经营自己的独立品牌？

司 我希望法国山居具有自己独一无二的特点，希望给客人"家"的感觉。比如：我们的有机料理、玫瑰花园，那是我们独一无二的。我定义法国山居为：country house hotel。

ID 对你的品牌有什么规划？

司 从2005年来到莫干山至今快10个年头了，从2007年开始自宅的建造，到2012年首批

山居的开业，这些年逐年在扩大规模，如今马上就要达到40个房间的规模了，再加上正在建设的我的自宅有7个房间，我不准备再扩大规模了，因为太大的规模就无法保证高端的品质了。

ID 归纳下独立酒店的特点

司 我想个性是最重要的，除了个性还是个性。当然也要考虑人的使用。**END**

KITZHOF 酒店
HOTEL KITZHOF

撰 文	小子
资料提供	DESIGN HOTELS™
地 点	Schwarzseestraße 8-10,6370Kitzbühel,奥地利
设 计	Ursula Schelle-Müller's
竣工时间	2008年

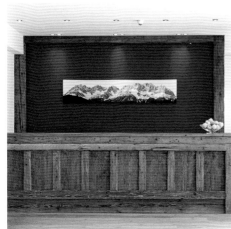

KITZHOF 酒店位于世界著名的滑雪胜地，四周围绕着美丽的阿尔卑斯山山景，距离基茨比厄尔（Kitzbühel）镇 5 分钟路程。朴素的木结构建筑安静地坐落在群山之中，俯瞰着远处镇上的教堂，每到整点时分，教堂的钟总会按时鸣响，给周围寂静的山谷和人们增添了一份在世的感觉。

美丽的山坡也是本地物种山羚羊的家，他们终日漫游在此。酒店的设计师 Ursula Schelle-Müller 选取了这个可爱的小动物作为酒店的标志，这个具有现代极简主义特征和经典传统特色的标志采用灰色和具有当地织物特点的羊毛毡，带有灰色山羚羊标志的酒红色靠垫散落在酒店的各个区域，成为酒店的一个标志性特征。

对本地区自然恩惠的尊重体现在酒店设计的方方面面。大量采用本地区丰富的自然资源：木材、皮革、皮草、羚羊角，并对它们重新注入现代设计的元素。比如酒店的灯具设计就别具一格，落地灯原始的木灯架和现代的灯罩完美结合。对于传统和地方特色的传承在酒店设计的细微之处也常常可见。

大堂极其朴素，红色背景、木质接待桌、木雕刻做的灯罩、斗形的皮革扶手椅，这是一个简朴的前台共享空间，穿着民族服装的服务员穿梭其中，让你感觉是在阿尔卑斯山的山区。家具都是由熟练的本地木匠手工制作。

酒窖是最具当地特色的设计，围绕着一个老橡木长桌品尝当地的葡萄酒，木地板、砖墙。Kitz Alm 餐厅也是采用木制地板、顶棚和墙壁，让食客品尝蒂罗尔（Tyrolean）美食的同时感觉好像他们都藏身在一个传统的高山地区。当冰雪消融的时候，客人可以在邻近瀑布和池塘的露台上俯瞰基茨比厄尔镇，享受周围的美景。

酒店设有一个 600m² 的 SPA 区，配有可俯视花园景观的室内游泳池、芬兰桑拿浴室、蒸汽浴室和日光浴室，还设有带瀑布美景的健身室。同时 SPA 区本身也变成了一个景观，从很多房间的露台上都可以看到。

酒店拥有 163 套客房，每间客房都结合了现代与传统的元素，如松木质材料、皮革、以及独一无二的自然风光，黑白打印的高坡滑雪照片激励你去投入这一令人兴奋的运动。传统色彩和质感的布料和现代直线型图案的床罩给你在地的感受。

布置豪华的面南套房同样采用当地的材料，享有基茨比厄尔镇和周围群山的全景，拥有两间卧室、两间浴室以及带开放式壁炉的客厅和小厨房。END

	4
1	
2 3	5 6

1　春天的室外庭院
2-3　套房
4-6　普通客房

| 1 2 3 | 5 |
| 4 | 6 |

1-3　客房内细部处理
4-5　酒窖
6　餐厅

莫干山里法国山居
LE PASSAGE MOHKAN SHAN HOTEL FRANCH

撰　　文	云上
资料提供	莫干山里法国山居

地　　点	浙江省德清县莫干山镇紫岭村
设　　计	司徒夫
开放时间	2012年

LE PASSAGE MOHKAN SHAN HOTEL FRANCH

莫干山里法国山居是最近网络上热传的莫干山"洋家乐"中最早开业的一家高端度假酒店。按照导航的指示，我们已经在酒店的附近了，但就是找不到关于法国山居的任何标识。迎面开来的一辆车的车主热情地给我们指了路，因为他们也曾在此徘徊寻路很久。沿乡间小路往里开，转过一段上坡道，眼前出现了被绿色包围的几栋朴素的乡村建筑，这就是法国山居。

酒店的投资者司徒夫也是酒店的设计者，这个早年在巴黎学商，从事与设计完全无关的工作的老板谈起设计来头头是道。他说，现在的设计师常常为了吸引眼球，做很多奇怪的、与使用无关的设计，而他希望这个酒店是"the timeless design"，好的设计应该经得起时间的考验，应该更多地考虑人的使用，好的设计应该是看不到设计的。法国山居是为度假者提供一

个放松的场所，所以不需要材料的堆砌，那只会让人产生视觉疲劳。司徒夫说，莫干山是一个具有丰富历史的地方，所以我们要用建筑来重新振兴历史。因而法国山居的建筑采用当地的材料、当地的风格，也用了很多从各地收来的老木头、老地板。

主楼集中了所有的公共设施，舒适的前台、室内外的餐厅、休息室雪茄吧、会议室、山泉泳池、De Buffon 阅览室、酒吧，酒窖餐厅等，客人可以按照自己的爱好选择不同的场所，茶园、竹林、松树和山丘的美景尽收眼底。乡野的插花和莫干山的老照片给人宾至如归的感觉。

酒店的客房采用 6m 宽、3.5m 高的尺寸，司徒夫说这是上世纪二三十年代高端酒店的规格，窗户采用 4m 宽、2.2m 高，他说以前的房子窗子很小，是因为没有大木料，受当时各种条件的限制，而现在的大窗户可以让居住者躺

在床上饱览室外的美景。山居由一座主楼和五座相互独立的平房组成，按照景色位置的不同设计为不同的房型，共有 40 个各具特色的房间。高高的天花板，超大的浴缸，古老的木地板，高大的门窗和白色的百叶窗。环视周围，从精致的地砖，到黑色大理石的梳妆台、黄铜的饰品、古董般的羊毛地毯，无不散发着古典优雅的气息。

酒店室外遍植玫瑰，玫瑰花园是法国山居的特色，也是取之于民间的灵感：用玫瑰美化石墙与山民用植物装饰石墙有异曲同工之妙。

2012 年首批山居开业时只有五六间房间，这些年逐渐扩大到 40 个房间的规模了，但是宁静依然在。他说之所以没有设置指示牌就是为了保证山居的私密和安宁。

在山顶，司徒夫正在建一个带有 7 个房间的自宅，他说那将是他的收山之作。END

	4
1	
2 3	5

1　掩映在绿色之中的山居
2　露天浪漫餐桌
3　盛开的玫瑰花墙
4　山泉泳池
5　泳池餐厅

```
1 2 | 4
3   | 5
    | 6
    | 7
```

1　餐厅

2　雪茄吧

3　会议室

4　酒窖餐厅

5　前台

6　酒吧

7　具有怀旧风格的手工制造水泥砖

| 1 | | 4 | 5 |
| 2 | 3 | 6 | |

1-6　不同风格的客房

杭州湖边邨
CHAPTEL HANGZHOU

撰　文	雨添
资料提供	湖边邨

地　点	杭州市长生路57号
面　积	8 000m²
设计单位	北京环永汇德建筑设计咨询有限公司
主案设计	张光德
设计时间	2011年~2013年
竣工时间	2013年9月

石库门，条石门框，两片厚木黑漆门扇，一副铜质门环，房子因此得名。而上海石库门则名声在外，无人不晓。其实，在浙江地区，石库门亦是非常盛行的。位于杭州西子湖畔的湖边村建筑群就是个源于1930年代的联排式里弄住宅群，即"石库门"建筑群，是近代建筑发展演变的重要实例，被封为民国时尚建筑的代表。湖边村民国时期曾为徽浙两省公路总督私邸，现为杭州市文物暨作为文化历史积淀典范的历史保护建筑。

杭州湖边邨酒店就坐落于此，这是一座以历史建筑来诠释中国现代生活品质的精品度假酒店，是浙江省内唯一一家精品酒店联盟罗莱夏朵成员。石库门联排里弄建筑，深色木质大门的院落里，是四栋整齐的两层砖木结构的建筑群，室内汲取了中国近代建筑的精华，整体风格古朴典雅，再现了民国时期沉稳、低调、官气十足的建筑特色。该酒店为全套房式酒店，共有17间客房。

对业主来说，"保留"与"复兴"自然成为此次改建的关键词，业主希望其成为"令人既熟悉又陌生的独特空间"。原始的石库门建筑一般均为两层结构，楼下保持着正当规整的客堂，楼上是安静的内室，二楼一般都有出挑的阳台，总体布局采用欧洲联排式风格。设计师在这次的改造中，基本上保留了原始的"石库门"格局，酒店入门套房的房型就是典型的"石库门"设计。客房的一层是布满1930年代老家具的会客室，二楼则是大面积的主卧室，值得一提的是，一层半的位置非常特别，这个原本的"亭子间"被打造成了一间超豪华而特别的浴室。其实，这样的设计与普通的大平层客房相比，使用起来可能并没有那么方便，但设计师却认为，入住这样具有特色的精品酒店，就应该体验当地特殊的生活习惯，而这种仪式感的存在也是颇具吸引力的。

对设计师与业主来说，"还原1930年代"是整个改建的核心词，除了在建筑外立面和布局彻底捆绑上"民国"标签外，许多细节上的应用同样值得称道。"木刻运动"正是1930年代文化现象的另一个关键词，所以版画亦成为酒店上下最为重要的装饰主题。酒店内的版画均出自我国著名版画家陆放之手，他的版画在保留木刻版画的刀味与木味的基础上，大胆采用色彩变化来丰富画面，展现西湖山水烟迷雾绕、银装素裹的独特美感。

为配合酒店1930年代的民国主题，除了部分从老家具市场上淘来的纯正民国家具外，酒店内的其他家具都均为水曲柳实木家具，按照老式家具的样式设计定制，擦色做旧，木纹明显，具有质感。民国范十足的八角桌、五斗橱和箱几、替代窗帘的木百叶、采用民国年代锡焊手艺的灯具……酒店里的每个细节都用来呈现道地的民国味儿的起居空间。

作为法国罗莱夏朵酒店联盟在浙江省唯一一家成员酒店，湖边邨在家私细节、服务以及餐饮上狠下功夫。餐厅提供杭式早餐、英式下午茶和法餐，有户外天井、亭子间和Le Lotus餐厅3处场地可选择。卧室的亮点是120支纱织高精密床品及木架大床，酒店采用的是英国进口的Perrin Rowe洁具，纯铜镀镍，深受欧洲一些高端小众酒店喜爱，款式古朴典雅，小巧精致，同时还配备了民国时期才有风行的高位手拉式马桶。END

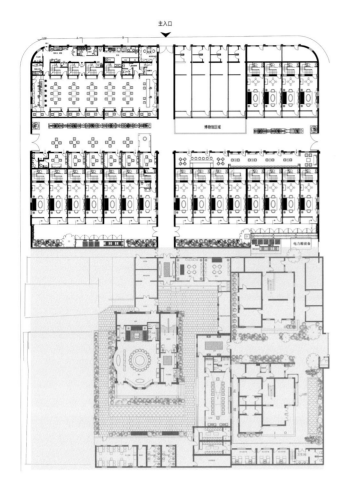

一层平面

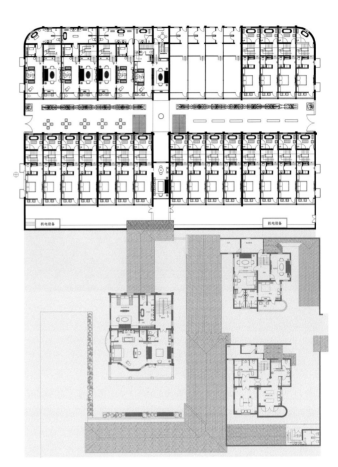

二层平面

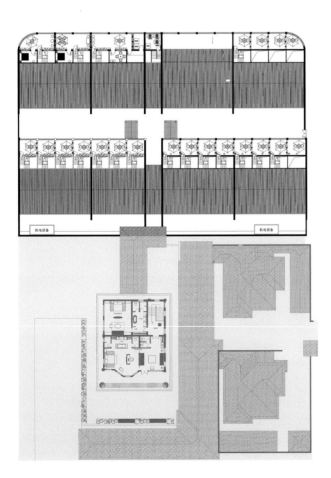

三层平面

1-3 平面图
4 石库门的生活方式亦保留了下来
5 设计师保留了青质古朴的砖墙
6 两栋建筑之间的空地改造成了户外餐厅
7 餐厅

1	5
3	
2	4	6	7
		8

1　客房
2　客房细部
3　亭子间改造成了豪华宽敞的浴室
4　浴室里还有传统的搪瓷脸盆
5　入门即为客厅
6　房间内的楼梯
7　酒店使用了很多民国风格的老物件
8　客房细节

潮爆青年旅社
HOSTEL GOLLY ±BOSSY

撰　文 ｜ 倍萃
摄　影 ｜ Robert Les
资料提供 ｜ STUDIO UP

地　点 ｜ 克罗地亚斯普利特市
设计单位 ｜ STUDIO UP
设计师 ｜ Lea Pelivan,Toma Plejic
面　积 ｜ 1 360m²

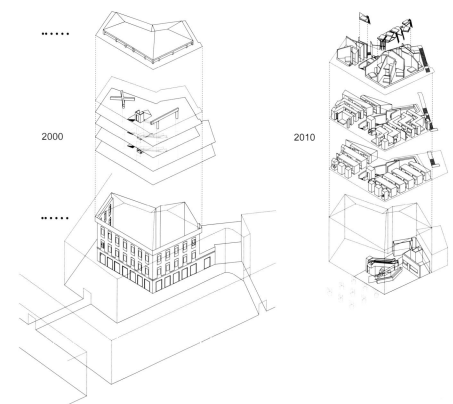

2000   2010

| I | 2 |
| | 3 |

I 客房更像个由欧洲风格演绎的日式胶囊旅馆

2 空间结构示意图

3 外立面

克罗地亚 Studio Up 工作室设计的青年旅舍 "Hostel Golly±Bossy" 由一家商场改建而成，原先的购物空间被重新划分，面貌焕然一新。这家事务所在短短 100 天的时间内将其改建成一家现代的青年旅馆，建筑面积为 1 360m²。

商场原有的公共交流空间，如电梯、全景电梯，还有楼梯都被保留下来，商店空间被一系列的墙壁分隔，这些墙壁里包含所有需要的元素，包括床、盥洗室、淋浴和厕所。项目呈现出现代的都市性，同时又包含历史氛围。

GF 为室内外贯通的餐厅，前台位于 GF 室内中心位置，服务用房位于南侧。1 楼除客房外，还设有小型画廊，也可作为放映厅使用；2 楼除了客房外，还设有自助厨房和小型咖啡厅；3 楼设有户外阳台以及室内游戏区。

标准客房多为长条形，且采用胶囊的形式来组织床位，还将洗手池等设置在墙壁里，有效地利用了原有建筑的条件，使空间利用率达到最大化。

设计师通过颜色来改变空间属性，打造了极为鲜明的性格。黄色是整个空间设计的线索，设计师表示，黄色的选择是源自斯普利特传统的硫磺浴，设计师不止一次地将城市历史通过现代的表达方式在空间中融入。开放式餐厅全黑的设计与明亮的黄色形成了激烈的视野冲撞。但设计师在客房的颜色选择上却没有那么特立独行，反而选择了令人平静的白色，为客人营造一片宁静的休憩之所。

另外值得一提的是这个空间的标识系统，从客房外走廊墙面上特别的巨型楼层数字涂鸦，到走廊地面的房间指示，再到房间内地面上的功能指引标示，这样显眼的设计令导视系统也不会淹没在明亮的黄色中。

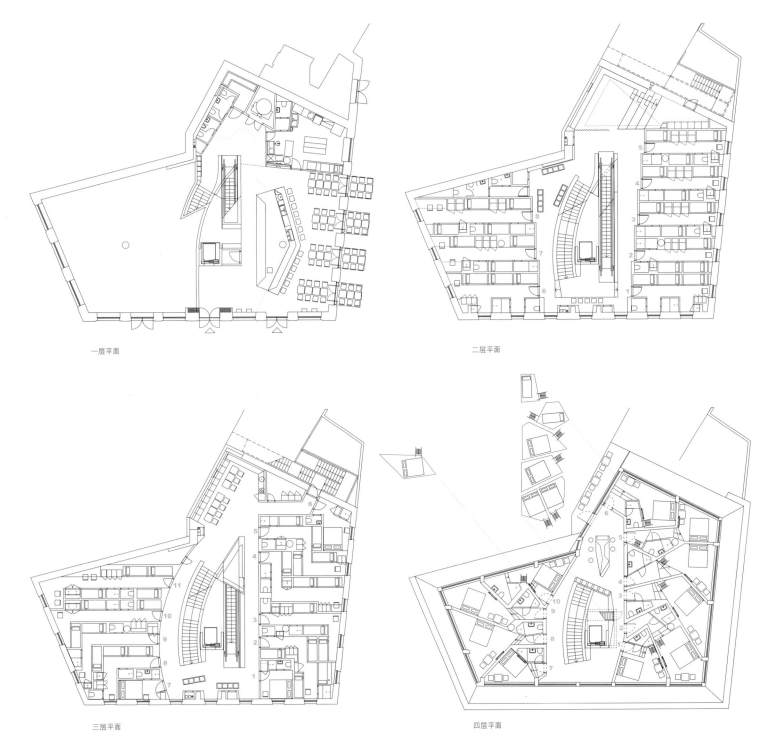

一层平面

二层平面

三层平面

四层平面

1 | 4
2 | 3

1　平面图

2-3　开放式餐厅全黑的设计与黄色形成鲜明对比

4　客房外走廊墙面上巨型数字涂鸦成为其空间标识系统的一大特色

```
| 2
| 3   | 7
| 456 |
```

1   原有的楼梯与电梯均被保留

2-3 黄色是整个空间设计的线索

4-7 客房设计仍较多使用白色，给客人营造一片宁静
     和谐的休憩之所

DO & CO 酒店
DO & CO HOTEL

撰　　文	王萌
资料提供	DESIGN HOTELS™

地　　点	Stephansplatz 12,1010 Vienna,澳大利亚
面　　积	1 360m²
建 筑 师	汉斯·霍莱因
设　　计	FG Stijl
竣工时间	2006年4月

当一代大师们纷纷离我们远去的时候，似乎也只有凭借他们的作品来慰藉我们失落的心情。普利兹克建筑奖得主汉斯·霍莱因就

是其中之一，当我们回顾八年前一个旧建筑改建的酒店作品时，依稀还能感受到他对于设计的虔诚，这种虔诚体现为力求与时代同步，并且尝试去和周围的环境达成融合。它就是坐落于维也纳城最敏感的历史街区的 DO&CO 酒店，酒店对面是历史悠久的圣斯特凡大教堂，其前身为哈斯商厦。为了体现与周围环境的融合，平面上呼应了曾经位于这个地段的古罗马时代的城堡的圆形拐角设计，同时为了与邻近的建筑以及风格融合，汉斯·霍莱因运用现代的材料另外加了一层外立面，从而丰富了这个城市的历史肌理。曲面的石材游离在玻璃外表面体系之上；这两种元素又都浮游在双层的框架体系之上；框架体系的尺度跟周围建筑取得协调一致。

与此同时汉斯·霍莱因知道怎样对不同的事物进行不同的处理。维也纳人喜欢戏剧，因为它不同于其它艺术，戏剧始终处于现实和幻觉的交叉点上。汉斯·霍莱因认为，所有的建筑，事实上包括我们的全部生活，最终证明都

只是一场舞台上的表演而已。而 DO&CO 酒店室内空间设计恰好为舞台上的演出提供了精美的场景。在 FG 风格派室内设计公司的协助下打造了一个当时看来颇具前瞻性的室内空间，完美融合了高科技与低技术因素。4 层楼的闪闪发光的玻璃和金属结构已被改造成43 间宽敞的客房和套房，提供豪华舒适性，以及俯视这个城市最雄伟的广场的独一无二的视角。每个房间都在诠释着真正的奢侈的酒店生活空间：基于扎实的，高品质的天然材料，如柚木和石材，但同时提供极端现代主义的感觉，带有强烈的表现主义色彩。在这里，设计师体现了这样一种态度，脱离以往后现代主义的巢窠，用自己的方式去尝试，面向未来。于是，酒店的空间场景就变得纷繁莫测起来，入口过厅的旋转楼梯一侧，手作素水泥墙体在精美华丽场景布局中诉说着一种不确定性；而精致的石材，沉稳的柚木以及棕色的软包则忠实地守护着这个面向历史，容纳现代与未来的酒店场景。 ▣

1	4
2	
3	5 6

1-2　顶层餐厅
3　大堂
4　大堂层餐厅
5-6　客房

CORTIINA 酒店
CORTIINA HOTEL

撰　　文	云上
资料提供	DESIGN HOTELS™

地　　点	Ledererstr. 8,80331,Munich,德国
设　　计	Albert Weinzierl (Kull & Weinzierl)
竣工时间	2001年11月（2007年扩建）

Cortiina 酒店位于慕尼黑市老城中心，在歌剧院、玛利亚广场以及食品市场之间。

阿尔伯特·魏茨勒（Ibert Weinzierl）既是酒店的设计师也是酒店的合伙人，酒店的设计强调地方风格的融合并且得到了完美的执行。由于酒店的特殊地理位置，设计师在材料选择上小心谨慎地选取了一系列地方材料，包括青铜和石松。酒店多样的房间布局是根据风水的原理安排的，保证一个既放松又有感官刺激的和谐空间组成。

2001 年开业的酒店，现代的立面给客人极其简洁而强烈的视觉冲击。2007 年将毗邻的公寓改建，增加了 33 间房间，并设单独的入口。其中的 3 套房间具有设备齐全的厨房。另外的 2 套商务套间也拥有小厨房，使客人享受家一般的自主舒适。自然色系的沉稳色调将 Cortiina 酒店不同的建筑物融合在一起。巴伐利亚州乡村风格的织物、暗色的橡木镶板、裸露的石板给大堂、酒廊和客房带来了淳朴优雅的感觉，令人感受到阿尔卑斯山区的浪漫气氛。酒廊的开放式壁炉，在寒冷的季节给客人提供了温暖的安慰，而卵石庭院和阳光露台为客人提供一个宁静的室外空间，可放松地呼吸室外新鲜空气。

Cortiina 酒店设计的关键在于天然材料所营造的朴实氛围以及带来的明显的现代风格特征。浴室采用朱拉石灰石板材，营造了几何极简主义的氛围。有机产品的强调和鲜花的装饰给酒店带来了尘世的快乐和活力。定制的家具将折中主义带入了酒店的室内设计理念，公寓楼少数客房中不同现代图案的壁纸的运用给酒店室内带来了流动感。Cortiina 酒吧是典型的鸡尾酒酒吧，它弥散着古旧的魅力，同时也保持着休闲和练达，并渗透到酒店的其他部分。

两位酒店的拥有者说，他们所做的一切都是在追求宁静、质量、时尚和现代。END

1	2	4	6
3		5	7 8

1　庭院餐厅
2-3　公共区域
4-8　不同类型的客房

TOPAZZ 和 LAMEE 酒店
HOTEL TOPAZZ AND HOTEL LAMEE

撰　文　　云上
资料提供　DESIGN HOTELS™

TOPAZZ 酒店和 LAMEE 酒店均位于维也纳老城中心，同属于 LENIKUS 集团，两酒店隔街相望。2012 年 4 月开张的 TOPAZZ 酒店是维也纳第一家绿色概念的高档酒店，酒店采用绿色环保材料、坚持采购当地的绿色有机食品，酒店便捷的地理位置，使客人可以方便步行到各个景点。此后开张的 LAMEE 酒店也同样秉持了绿色环保的设计理念和经营理念。也许是为了给客人不同的视觉感受，位于同一街区的两个酒店采用了不同的设计处理方式。

TOPAZZ 酒店立面采用了现代的金属材料，椭圆形的凸窗，辨识性很强地突显于周围的古典建筑之中。酒店大堂极其简洁，椭圆型柱、由维也纳艺术家设计的灯具、共享的两层空间。餐厅也是同样的风格，小巧而精致。在每个客房内部，椭圆形的窗口都配有沙发床，是凝视老城区理想场所，流线型的现代风格壁纸显现着当今的维也纳风格。酒店共有 31 间客房，位于九楼的复式套房配有露台，设有定制的家具，灯具和豪华的窗帘，采用朴实和自然的色调。复式套房拥有无比壮丽的景色，不仅可以作为客人的家，也可以用来作为一个多功能的酒会场所。TOPAZZ 酒店在尊重维也纳丰富的历史财富的同时也开创了维也纳的未来，再现了一个随和而不失华贵的氛围。

街对面的姐妹酒店 LAMEE 的设计由屡获殊荣的维也纳建筑事务所 BEHF 担纲。在改造这

栋建于 1930 年代的旧建筑物时，采用了规则的几何体和规律的开窗，纤细的建筑物的立面形式是早期维也纳现代主义的典范。大楼的翻新工程，重点是在可持续发展和对环境的尊重；采用先进的技术，以节省能源，并产生低成本的运行。然而酒店室内设计的华丽却与简洁的外表设计形成了强烈对比，其指导主题为再现好莱坞在 20 世纪 30 年代的魅力。几何设计的外观延伸到酒店的门口，那里温暖的灯光飞溅，

红褐色的天然石材，涵盖了地板、墙壁和顶棚。客房中，深思熟虑的照明理念和高光泽的木质贴面、装饰艺术风格的灯具和圆形镜面主导的墙壁、玫瑰红色的沙发，共同创造了一个舒适、优雅的氛围。在酒店两层的酒吧以及小酒馆和咖啡馆里，旅游客人和当地人混杂，更是文化传统和现代潮流的混合之地。

LENIKUS 集团强调，必须在维护老建筑的历史价值基础上同时创造新的价值，

TOPAZZ 酒店

地　　点	Lichtensteg 3,1010 Vienna，奥地利
建筑设计	BWM Architekten & Partner
室内设计	Michael Manzenreiter
竣工时间	2012年4月

1	入口
2	餐厅
3	共享空间
4	大堂

<table>
<tr><td>1</td><td>3</td></tr>
<tr><td>2</td><td>4 5</td></tr>
</table>

1-5 客房

LAMEE 酒店

地　　点	Rotenturmstrasse 15,1010 Vienna，奥地利
室内设计	BEHF
竣工时间	2012年10月

```
1   | 4 6
2 3 | 5
    | 7
```

1　特色套间
2　大堂
3　餐厅
4-7　客房

在思考与实践中一步步演进
——范文兵访谈柳亦春

撰　　文	范文兵
摄　　影	苏圣亮
记录整理	潘群、颜冰、张帆
时　　间	2014年5月2日
地　　点	上海大舍建筑设计事务所

项目名称	龙美术馆（西岸馆）
目 地 点	上海徐汇区龙腾大道3398号
建筑面积	33 007m²
用地面积	19 337m²
建 筑 师	大舍（柳亦春/陈屹峰）
建筑设计组	柳亦春、陈屹峰、王龙海、王伟实、伍正辉、王雪培、陈鹃
结构与机电工程	同济大学建筑设计研究院（集团）有限公司
结构与机电设计	巢斯、张准、邵晓健、邵喆、张颖、石优、李伟江、匡星煜、周致励
照明设计	上海光语照明设计有限公司
建设单位	上海徐汇滨江开发投资建设有限公司
设计时间	2011年11月~2012年7月
建成时间	2014年3月

当今中国的建筑师，可大致划分出这样两种类型：明星（独立）建筑师与商业（设计公司、设计院）建筑师。前者从业人数、作品数、市场份额虽远小于后者，但因其作品风格鲜明、学术特征明显，反倒更为频繁地出现在专业及非专业媒体报道之中。

粗略来看，2000年前出道的明星（独立）建筑师，很多都曾在体制内工作过。在中国特殊的社会背景中，他们更多地是由于个人价值观的诉求，选择了不同于当时主流社会喜闻乐见的"文化、符号、后现代"专业潮流，而对源自西方的现代主义建筑、本体建筑观等潮流进行了接受与现实转换。他们走出体制独立开业，靠设计作品及专业言论，慢慢变成了明星（独立）建筑师。

2000年以后出道的明星（独立）建筑师，伴随着设计体制的松动与全面市场化，很多人从身份到资源，其实是游走于多种体制之间的。个人价值观是否独立，与是否采用明星（独立）建筑师身份从业，并无必然联系，专业层面的选择，也在一定程度上顺应了当今建筑学媒体化、图像

化趋势，"反主流"意味基本消失，逐渐形成了某种特定的设计风格与学术趣味，进而占领特定市场。

我个人认为，明星（独立）建筑师与商业建筑师之间，并无天然高低之别，大家只是所走路径不同，各有买家，各有擅长，各自都可总结出对专业有价值的东西。每个从业者，可以从各自天份兴趣、收入预期、社会家庭期待、个人价值观等因素，选择自己的专业之路。

但在每个类型内部，从我个人专业判断看还是有差异的。优秀的明星（独立）建筑师，应该是"独立性"大于"明星性"，他应该不断探索、拓展专业及自身的界限，而不是"明星性"大于"独立性"，专注于话语权的获取而非专业的精进。

在本次访谈中，我与明星（独立）建筑师中的优秀代表、来自大舍建筑设计事务的主持设计师柳亦春进行了交流。我们从最新落成的龙美术馆谈起，进而延伸到了大舍在发展演进之路上思考过的一系列专业议题，并回顾了事务所及个人成长、发展等多个话题。

范 = 范文兵

柳 = 柳亦春

龙美术馆西岸馆的设计过程

范 让我们还是先从最近刚刚落成的龙美术馆开始聊吧。

在我的视野里发现,无论艺术界还是建筑界,似乎都挺关注龙美术馆的。我甚至发现,有报导会用"最"字来形容,如"最棒"、"最引人注意的成就"之类的评价,你怎么看待为什么大家会这么关注这个案子?你觉得更多的是哪一类人在关注这个案子,是建筑专业的还是非建筑专业的?

柳 我也不知道大家为什么会这么关注龙美术馆,一定是有些不一样的地方吧。在我看来,这个建筑还没有造完呢。

范 我看到一些报导,发现一个有趣现象,即使采访者都是非专业,但落脚点也都是在谈论这个房子本身。一位去过美术馆的画家特别让我一定要转告你她在里面的感受:"虽然很多美术作品在我们业界是顶级的,但这个房子的有些角度,比那些艺术品更能打动我!"

柳 这个房子还没建好,脚手架刚拆,就有很多参观者。可能是因为之前西岸双年展的缘故,会有不少学生偷偷溜进工地参观。因为工期的原因,房子造好就要马上开展,所以策展人和一些艺术家也提前来看工地,大家都对那个裸形的空间兴奋不已。施工队的工人在脚手架刚拆掉的时候,也都很激动,兴奋地告诉我:"柳老师,我们都觉得这个空间就像五星级酒店的大堂。"这也许是他一下子能想到的最好的形容。

范 我明白,这对于工人们来说,可能已经是最好的形容建筑的词儿了。

柳 所以我还是感慨蛮深的。所有的人都被这个空间触动到,大家隐约都觉得这个房子造起来一定是个很棒的房子。

事实上这房子在世博会之前就有设计方案,甚至连地下室部分都已经造好,然后就一直耽搁在那儿,功能定位也在不断地改变。开始是做游客服务中心,后来定位成美术馆。

范 我看到一篇采访,当然是非专业的,说你这个方案的灵感跟场地内留存的"煤漏斗"有一些关系。也就是说,你无论是做游客中心还是美术馆都会跟这个漏斗有关系?

柳 当然,都会有关系,因为最初的出发点就是场地。无论功能是什么,都要跟场地发生关系。美术馆的功能是方案进展了大概一个月的时候发生的改变,这段时间我们都是在进行场地研究,对现有的基地条件进行调研,如何在现有的条件下做设计等等,所以功能的变化对我们

的设计进度基本没有什么影响。

范 也就是说,保留煤漏斗,保留地下室,保留平面轮廓,就是你们做这个案子的基本前提。

柳 对,这些前提条件都是上一轮方案留下来的。在具体展开这个设计之前,我们拿到了两组基地照片,一组是最原始的情况,原来北票码头还没有动迁之前,地上因为运煤造成黑漆漆一片,周围还有一些旧厂房、煤漏斗、传送带,龙门吊有好几个,甚至还有通向远方的火车轨道……;还有一组就是地下室建造完之后,我们去现场调研的照片,8.4m 的柱网、110m 长的煤漏斗。所以就在这改变了的地貌、还有原始照片这些资料的前提下,开始了设计。在这个背景下,我们首先考虑的还是场地的关系。

范 这块地虽然离市区很近,但基本上还是新区的感觉,没有什么限制。

柳 是的,周围比较空旷,以前是工厂和码头区,世博会之前一下子都拆迁了。基地旁边都是空地,但毕竟离市中心还是很近的,离徐家汇只有 3km。所以第一次去江边的时候,从丰谷路(垂直于龙腾大道的小路)开去,前一刻还是密集的城市,突然视野变开阔了,一眨眼就到了江边,这是在上海从来没有过的感觉,非常特别。还有,上海市的道路标高通常都在 4m 左右,但是黄浦江的防汛要求是 6.5m,所以很多地方包括外滩,沿江的地方都设置了高高的防汛墙,道路都是陷在下方,而这里的龙腾大道在建造时标高直接设为 6.5m,所以岸与水面是直接衔接的,与水面的关系就特别好。

到了基地之后,老的煤漏斗原始地面标高在 5m 左右,也就是说,这里变成了一个洼地,原来的 ±0.00 基准标高设在 5.0 处,所以在 6.5m 标高要求的防汛墙位置设置了一个 1.5m 高的钢板闸,一到六七月份汛期,闸是竖起的,人就走不到水边了。而如果将地面抬高的话,煤漏斗柱脚的一截又会陷到地面以下去。所以不管是什么功能,我们都要去考虑跟场地的关系。

范 在设计上保留"煤漏斗"的原因是什么?

柳 这里算是代表上海一段发达工业文明历史的场地,像煤漏斗、龙门吊并不是什么保护建筑,但是上海之前治理苏州河时对那些旧仓库、老厂房的历史价值已经有过一轮全新角度的思考与认识。所以保留煤漏斗这样的工业构筑物,是政府规划部门一早就决定的事情,留给建筑师的问题是思考如何将新建的建筑与之并存。

柯布西耶在《走向新建筑》中大量引用了

美国筒仓这样的工业建筑，从几何等角度分析赞扬了它们的美。煤漏斗在气质上跟它们都是一类的，都是构筑物。我想工程师在设计这个煤漏斗的时候，他主要考虑的都是功能问题，一定不会过多考虑美观问题。他需要考虑煤炭怎么用龙门吊通过传送带传到煤漏斗里，然后又通过漏斗卸载到火车车厢。一个车厢对应一个漏斗，然后火车装满货物后开走，这样的过程。但是今天这个功能丧失了，我们忽然关注起这个东西怎么好看的问题，我觉得这是件很有趣的事情。

假如纯粹是从构筑的角度跟这个场地去发生关系，那结果会是什么？这是在美术馆的功能定位确定了之后，我们在思考的问题。因为地下室是已经造好的，其结构是针对停车的经济性而设计，并不是为了展览。但一部分地下一层的空间，要在 8.4m 的柱网里做展览空间。展厅当然需要展墙，而展墙的话，用石膏板一包就可以做。但如果这个墙也是新建筑的结构本身，从建筑师的角度，肯定是更愿意看到的。

范 也就是说，更真实。

柳 对，可以这么说，更真实。但也不全是。在建筑的设计里要达到一个结果，如果几条线索都指向同一个结果，那通常会是比较好的结果。所以就一堵墙来说，第一它可以做展览，第二它又可以做结构，那么至少有两个线索指向了一个结果，这也并不意味着我一定要让这个墙是结构墙。但新的结构还是要去跟老的柱子发生关系。

从设计的角度，第一，到地面以上希望有比较大的厅，肯定要有柱子被抽掉，比较简单的做法就是柱子往上延伸，框架结构怎么做也都可以。不过我们还是倾向于用墙体来形成上部的结构。为了呈现一个比较自由的由墙体构成的空间布局，最后选择了由墙延展为"伞"的独臂悬挑结构。

范 你前面讲述了龙美术馆的设计是如何开始的，比如你面临的建造现实，功能的不定性，以及你对基地的看法。谈到了谷仓这种东西在新的美学观点下，可能代表了一个新的、值得保留的好看状态。另外，我听下来，你的设计的一个重要出发点其实是墙，墙可以变成展览空间的分割，同时也可以起到结构作用。同时我也观察到，你最近几年其实一直在关注结构这个事情。是不是可以说，你试图在现有基地限制，以及你当下关注的东西之间，寻找找一个契合点？

柳 我一直关注的东西确实是跟这个相关，在我的心底总是有这样一个愿望，希望营造这样一个空间，结构完成了，那么空间也就完成了。这个想法已经持续有很多年了，说来这个事情在我读研究生的时候就有了，那是我还在广州市设计院工作的时候，我跟蔡德道先生讨论过关于装饰的事情、关于室内设计的事情，那时他提出了一个"无装修的室内设计"的说法，那是 1993 年左右。

范 恩，这是建筑师最喜欢的。

柳 说来"无装修的室内设计"其实很简单，比如采用密肋梁尽量不用吊顶，相比室内设计师，好像建筑师都不太喜欢用吊顶，喜欢把结构性的东西直接暴露出来。当然这件事情也是值得讨论的，比如西扎，他的房子都是吊顶，人家也没什么心理障碍。这完全是建筑师的个人倾向。

范 或者可以说，是一种品味选择，专业洁癖吗？因为我们专业上的确有类似理论与观念的说法，比如结构理性、结构诚实性表达等，这种专业观念是不是会慢慢培养出自己的一些喜好倾向呢？

柳 也不完全是。因为即使是装修出来的腔调也

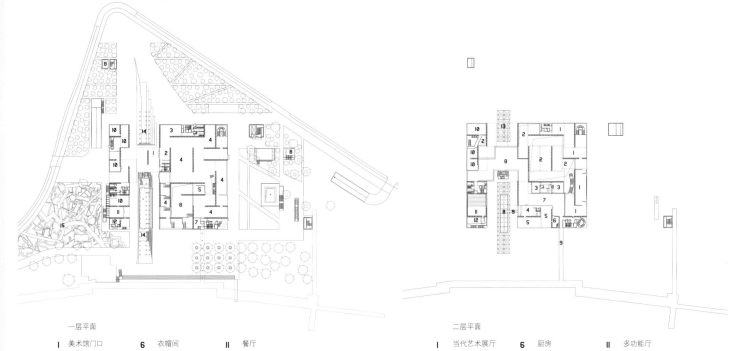

一层平面

I	美术馆门口	6	衣帽间	II	餐厅
2	门厅	7	服务间	12	贵宾休息室
3	商店	8	上空	13	货梯
4	当代艺术展厅	9	临时展厅	14	原煤料斗卸载桥
5	影像室	10	艺术与设计品商店	15	徐震艺术作品：《运动场》

二层平面

I	当代艺术展厅	6	厨房	II	多功能厅
2	上空	7	庭院	12	后台
3	贵宾接待室	8	平台	13	原煤料斗卸载桥
4	咖啡厅	9	天桥		
5	江景餐厅	10	艺术与设计品商店		

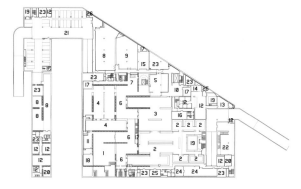

地下一层平面

I	当代艺术展厅	8	藏品库房	15	修复室 / 摄影室	22	自行车停车库
2	古代艺术展厅	9	临时库房	16	图书档案室	23	空调机房
3	古代 / 近代艺术展厅	10	卸货区	17	工具间	24	变配电室
4	现代艺术展厅	II	阅览室	18	储藏室	25	设备机房
5	儿童绘画展厅	12	办公室	19	下沉庭院	
6	展廊	13	馆长室	20	安保 / 消防控制室	
7	休息区	14	会议室	21	机动车停车库	

地下二层平面

I	机动车停车库
2	空调机房 / 风机房
3	设备机房

会不一样。比如西扎的方案，他的装修做出来就像没有装修过一样，跟我们所说的五星级酒店，豪华酒店的装修又不一样。装修，这也是大家一直都在探讨的问题，在这个设计里，地下一层都是关于吊顶的装修。

结构性的东西在空间上的直接表达，即结构的直接性，这件事情跟我对材料的考虑有关系。比如说这个墙面是粉刷出来上涂料的，跟一个混凝土表面直接上涂料的效果肯定不一样。那种力量感，我觉得跟材料的表现还是有一定关系。材料跟结构这两个因素在我的思考里是一起出现的。

范 我去龙美术馆参观之后，最强烈的感受是，这是一个不偷懒的作品！现在很多上照的作品，从专业角度看，其实就是保守的结构做法加一些装饰性做法，进而在视觉（照片）上拼凑出某种效果，但是我心里很清楚，那是一种偷懒的行为，或者说是一个不难的事情。因为如果能把设备上的问题解决好，同时又能解决结构的问题，还解决空间分隔、空间表达等多重问题，它是需要做深度整合的，而且在整合之后，还依然能够保持设计之初概念的纯粹性，的确要下很大功夫。在国内，一般会到后期加一些奇奇怪怪的东西，进而破坏设计刚开始时的纯粹性。这也是我理解的，为什么很多人都会谈

论这个事情，因为这是国内不多的，给人感觉自始至终都很纯粹的建筑，这是一个有建筑学难度和技术难度的建筑。

柳 对，所以我想这个纯粹性效果已经出来了，就是说所有的人都已经能感觉到这个纯粹。因为有很多非专业的人，他们思维里是没有真实结构和装饰性结构的概念的，但是他们还是能直接感受到这个结果是不一样的。那就证明了这种真实结构的做法跟装饰的做法尽管在形态上是一样的，但在空间质量上却不一样。材料的力量感只有在这种材料跟建造直接整合的方式中才能被反应反映出来。

范 关于你这个说法我提个问题。比如你刚提到西扎的建筑，他通过装饰出来的空间的单纯性，其实我也是可以感受到。因此我不太确定，比如我用一个保守的结构体系，但是用西扎那种包裹的方式，做一个尺度、形态跟你完全一样的空间，你觉得人们在其中的感受会一样么？

柳 不一样。因为这个跟材料相关，现在这种效果展现的是现浇清水混凝土才可以展现出来的效果。

设计的过程中，有结构师建议我不如采用钢结构，然后再用铝板包；还有结构师告诉我，上部的承重墙结构跟地下室的柱网结构不是一个系统，需要做结构转换，所以还是用柱网结

构做一个框架，然后用构造做成这个伞的形态，再刷涂料。但是即使是现浇的混凝土刷上涂料跟粉刷出来的墙面刷涂料也是不一样的，混凝土表面质感，给人呈现的力量感更是不同。当然那种粉刷出来的纯白空间也会有它独特的效果，或者用诸如预制 GFRC 等做出来的光光的、轻盈的效果可能也不错，但这带给人的都是不一样的空间感受，也许后者更未来一些。其实我们一开始曾经设想的空间就是光光的。

范 对，这也是我想问的另一个问题。我看到你之前的讲座中，展示的一些龙美术馆模型图片和现在实际建造的结果是不太一样的，之前给人更轻、更光的感觉。

柳 是的。在做渲染图的时候，建筑上面都是一直没有分割线的。我设想的效果是那样的，假如说是用 GFRC 那种干挂的方式（包的方式），我可能就会做成那样一个轻的感觉。但是后来一个结构师告诉我，他说地下室的柱子是 8.4m 柱网，所以可以用两道 200mm 厚的墙夹住底下的柱子，夹住老的梁，然后这样伸到地面上来，上面再拉住，与老的结构形成一个整体。我一下子觉得这个房子和场地的关系有了——没错，就是以这样一种结构的方式介入场地。这个时候，我觉得预设的效果不重要了，建造出来的效果才重要。

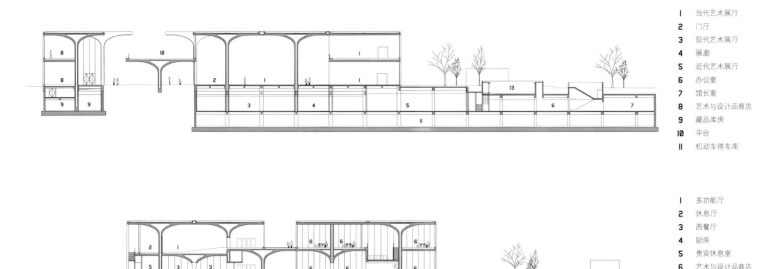

剖面图

　　坂本老师在同济有过一次有关"结构 + 场地 = 架构"的对话,这也是我这段时间以来对"架构"这个词感兴趣的原因。"架构"在日语中是一个日本建筑师全都理解的概念,它就是"结构 + 场所"。结构本来是一个纯粹的技术的、工程学的概念,当场地、场所、功能各种关系介入了之后,它变成了"架构"。架构已经不是结构本身了,它变成了一个既有技术又有文化内涵的概念。比如在这个建筑里,当这两片墙这样插入之后,形成了这样一个仿佛生长出来的伞形结构体,忽然就觉得跟原来场地里的煤漏斗,以及现有的地下室 8.4m 柱网的结构产生了密切关系。

范 也就是说,是由地下室的柱网决定出上面的结构形式。

柳 对,而且同时插进去的墙,还把一个车库空间直接转换成了一个展览空间。这个就变成了在建筑的语境中来思考结构的问题。它不单纯的是一个技术的问题,它不是结构表现主义,结构的出现是因为场地而出现的,不是我为了要表达结构本身而出现的。这个时候我们就用建筑的方式把技术的问题转化为了一个文化的问题。

范 但是这里面有一个很有趣的问题我想问你。我从建筑学专业的角度,特别理解你说的这个结构和地下车库结构的关系,特别理解它们是咬合在一起的。但是从一般受众的感觉,他可能只是觉得"哇,这是一个看上去从来没看到过的很棒的空间,一个很单纯的空间"。这种受众的理解和你出发点的差异,你觉得重要吗?

柳 不,受众只需要看到结果,建筑师必须关注过程,理解的差异是必然的。我们的工作是由我们的专业性所决定的。受众看到的是效果。比如说,当我在纠结做一个钢结构去"包"它,还是用清水混凝土浇"它"时,"咬合"和现有结构发生了关系,我就毫不犹豫地选择清水混凝土。因为,我用这样一个结构和场地发生关系,是我觉得最好的选择。它既能够解释如何从车库空间转换成为展览空间,同时它又"完成"了所有的空间。当然之所以能在这么短的时间里想清楚,还是因为有前人的知识背景在。比如路易斯·康,他会专门为设备空间准备一个服务空间。在做萨尔克(生物研究所)的时候,他专门做了一层去解决(服务空间),在做耶鲁美术馆的时候,他以三角锥(的结构形式)——底下是顶棚,上面是走管道的空间。前人的东西在潜意识中会影响你的判断。所以当两片墙中间出现一个空腔可以走设备的时候,我就不再考虑外面包和不包的问题。这又增加了第三条因素指向了这个结果。基地、结构和场地……越多因素指向这个结果,这个结果唯一性也就越强。就让你觉得在这个场地里面,这个就是场地里应该要的东西。煤漏斗不是包出来的,构筑物就是那个样子的,就是一个纯粹的原始性的建造,所以我希望这个建筑也是一个纯粹的建造。几十年前浇混凝土它是一个毛毛糙糙的感觉,有些手工化的印记,还有时间的因素导致它已经有点腐蚀了,时间的痕迹打在煤漏斗上面。今天我们可以用全新的建造技术处理混凝土,可以像光洁的肌肤一样,今天的混凝土和过去的混凝土摆在一起,就是两个不同的时间摆在一起。这样就呈现出一种既相互关联,又通过材料的处理,在时间上把它们拉开了的效果。

范 一开始,当你跟我说设计初始动机与煤漏斗有关,我还以为是形态上的呼应,因为从视觉看上去,这个伞形结构也的确有点儿那个意思。但你越往后分析,其实是在说它和煤漏斗,是在通过混凝土浇筑、满足功能、没有装饰性等特性联系在一起的。那这个伞形的结构,在形态上是怎么出来的呢?

柳 首先,这个伞形结构和煤漏斗不是形态上的关联。这个形态的出现实际上是缘于我相当长时间对"身体"概念的思考。我对身体的思考可以一直追溯到 2009 年。那个时候葛明、童明、董豫赣在北大办了一个"身体与建筑"的研讨会。当主题刚发下来的时候就在想,"身体与建筑",这能够谈什么呀,然后就在研讨会之前去看查一些书籍资料,比如查尔斯·摩尔写过《身体、记忆与建筑》,然后发现谈论身体的大多是有关现象学的一些东西。从那时候我开始关注身体在建筑里的位置,身体与建筑可以建立怎样的关系等等。2009 年,我们设计了一个螺旋艺廊,当时在做进入内院楼梯的地方,老是觉得一片直的墙少了点什么,当时看着 Sketchup 模型,就觉得进入内院的那个地方应该要弯一下,然后就卷了一下。当时卷一下是觉得可以更有一种进入感,走了一圈之后这么一弯,好像一个门洞或像钻过一个假山,一弯了之后人的身体肯定要和墙有一个反应,一反应就实现了一种进入的感觉,觉得这个东西和身体直接相关了。造完了之后确实觉得那块东西特别提神,就感觉那块东西少不了,它把人和空间的关系"咬合"到一起。这算是一次最直接的由我们自己完成的有意识地进行关于身体与空间经验的探索。

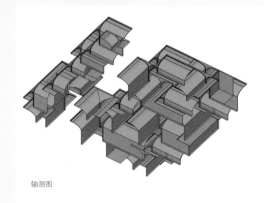

轴测图

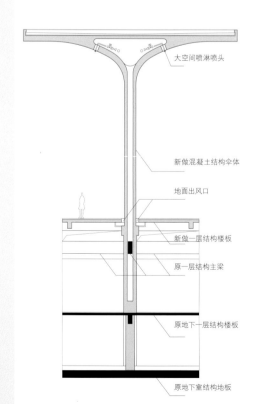

大空间喷淋喷头

新做混凝土结构伞体

地面出风口

新做一层结构楼板

原一层结构主梁

原地下一层结构楼板

原地下室结构地板

范 螺旋艺廊我有去看过，特别能体会你说的那样一种弯对身体的影响。但当把这种剖面上的弯曲扩大之后，变成龙美术馆这样的大尺度时，其实对身体的包裹感，远没有螺旋艺廊那么强烈。

柳 对，这个是跟尺度相关的，但是我觉得这种形态跟人的身体的关系还是存在的。它可能只是一个放大的问题，这也可能跟人一出生的时候在子宫里的形态有关，从像加斯东·巴什拉这样一些心理学家的分析来看肯定和这个是相关的。当然我觉得这也跟原始社会人一开始在洞穴里生活，一些基因也可能在人的身体里以某种方式在沉淀有关。这个形态从另外一个含义上讲它觉有某种无限感，在刚开始 Sketchup 模型里面它是完全没有空间感觉的，但是做了大比例的模型之后，1:50 的模型小人放进去之后，你是能够感觉到那个空间的。那个空间当然不是螺旋艺廊的感觉，那个空间开始和罗马、和教堂联系起来。

范 一种神圣性，纪念性。

柳 对，走进这个空间，人会感觉"飘起来"。在一个巨大尺度的包裹性形态中，人好像是浮起来的，所以我在讲座中说像鸟儿那样轻，不是说那个房子有多轻，而是人在那个空间里可以像鸟儿那样轻。

范 但是你知道，作为一个和你同时段接受同济建筑训练的人，除了神圣性、联想到罗马外，我还会说"哇，这是一个有着明显形态构成感的空间呀"。比如像那个风车状排布的天窗，比如几个墙体之间的对位、错位关系，因为这是已经深入到那个时期同济建筑学学子骨子里的构成训练所导致的一个条件反射。我想问的是，你这种不同方向的构成，不同高度上的构成，是在平面上推敲的，还是通过模型来推敲的？因为我原来记得你说过，你大部分时候都是从平面上推敲做设计的。

柳 龙美术馆是通过模型推敲做的。的确，我喜欢在平面上推敲设计，比如像这样的墙，我在平面上画，然后想象有一把把伞，正好是能把它的平面盖住的，员工会用 Sketchup 建模辅助进行空间模拟。关于"伞"的布局，设计过程中有很多种布置方式，比如说对称方式、自由方式。不同布局方式出来的空间效果很不一样，古典的、自由的、庄重的、散漫的，等等，所以在这里面我知道可能存在着无数可能性，最后大家就像在做拼图一样，我并不需要去画，大家就拼吧，你拼一个，他拼一个……

范 用模型拼到感觉空间最好的时候，就把它定下来？

柳 对，当然在这里面你要同时考虑各种如流线、消防疏散等问题，所有这些问题你要都灌输进去，包括空间的大小、流线，怎么下到地下室等等。曾经就下到地下室的中庭我们和业主有过争论，业主认为这个房子中间应该有一个中庭，我们从流线考虑，觉得搁在中间的感觉是一种中心性的东西，中心性最后做出来就是那种对称感特别强的东西，这不是我们想要的，我们想它应该是一个弥漫式的东西，所以最后下沉式展厅肯定是甩在一边的。这里面有各种问题要考虑。一段时间，员工们就像去搭积木，我就把搭的积木放在平面上去思考。

范 前面你谈到了龙美术馆的设计动机，一个是对场地的关注，尤其是结构与场地结合后呈现的架构，一个是对空间影响身体感受的关注。我刚刚也谈到了我对龙美术馆最大的一个印象是它的单纯性，仅靠单纯的空间本身就非常打动人。每个学建筑学的人都知道，在现代主义建筑的语境中，空间有多重要、多基本。可这么多年，我们天天在喊空间，直到今天，才在国内建造出一个只靠单纯的空间本身去打动人的建筑，我个人觉得这恐怕才是龙美术馆一个非常大的意义所在。这个意义同时在反问我们每个国内的建筑师，是不是我们的设计还不够单纯？为什么做不到单纯呢？

柳 我后来想来想去这个空间为什么打动人？说句实话，当脚手架一拆完，我走进里面的时候自己也呆了。那一刻我还真有点想哭。那种力量感！因为当脚手架搭在里面的时候密密麻麻的，你看到人那么一点点在里面拆脚手架，觉得在那个空间里人好渺小，当时我就觉得这个空间这么宏伟，我会不会尺度做得太大了，当时还有这种疑虑。但是在拆除脚手架之后我走到那个空间里面就一点都不觉得做大了，觉得好像就是要这么高。那天碰巧有只鸽子飞进来，鸽子"啪啪"拍着翅膀飞过去，阳光从缝里漏进来，真有点像教堂。那个时候混凝土刚浇完，有点不是很均匀，有点粗犷有点深浅不一的感觉。所有人都觉得那个状态特别好，刚开始美术馆的策展人老觉得"美术馆哪有清水混凝土的，我要白墙，每次展览我可能根据不同的主题，这次要刷绿的下次要刷红的，你给我一个混凝土我不能动，我这个展览怎么办，我特色怎么办出来"。结果模板一拆下来，策展人就说"哎呀，不要动了，就这样了吧"。

范 说到单纯性，我又想起国内专业界很长一段时间在强调的"建构"话题。你这个设计其实也是和建构有关系的。一般来说，当我们强调一些如结构、材质、细部等东西的时候，会弱化空间的单纯性，也就是说，其中会有一个平衡把握。而在龙美术馆里，你的确是也是想强调混凝土现浇，强调表面材质感，你是怎么去把握建构表达与空间单纯性之间的平衡呢？

柳 这需要从很多细节的角度来想这个平衡问题。其中最重要的，就是纠结混凝土保护剂怎么上的问题。因为有如下几个因素要考虑：

一个是混凝土从第一次浇到最后一次浇，间隔时间差不多有一年，浇完以后要保护，用

对谈

一层塑料薄膜先贴好，然后外面用镀锌铁皮，把螺杆插上去固定，把混凝土保护好，避免弄污染了。结果最后拆下来，时间久了铁皮都锈了，锈水穿透了塑料薄膜印到混凝土上来了。然后有些混凝土有色差，还有些浇坏了的模板缝。一堵墙一次最高浇 4m，这么高下面的压力很大，4m 高、200mm 厚的墙浇下来，下部对模板的侧压力有 9 吨重，里面还有空调、消防管道等设备空腔，刚开始我们想用玻璃钢的空调风管在空腔里做模板，结果浇到 1m 高就被压碎了，最后还是用钢架木模做了支撑。两次浇筑的混凝土墙的接缝很难接，因为很难正好对准，要么出来么进去。对应的施工措施通常会做一个齐口，浇下面的时候会在顶上做一块木条，之后取掉这段木条，就是一条缝，这条缝再被上部的混凝土浇掉，这样两次模板的拼缝就会特别齐。但是因为 4m 高的混凝土特别重，他们没选好木头，选得太软了，木头也被压碎了。最后，这个地方拆下来看还不如不做齐口的缝，这个地方又有点木屑又有点毛毛糙糙的，看上去很明显是做坏了的感觉。

另外现浇混凝土里面有很多预埋管线，漏了错了的还是不少。比如说一些安全出口的预留盒、开关盒、电线过路盒的位置很容易弄错，还有墙里预埋的线管堵住了，电线穿不过去等等，某些区域就必须凿开重新埋，因此就需要要重新修补混凝土。

选混凝土保护剂的时候，有全透明的，有稍微着一点点色的。当时我们选了着一点点色的，先做了个小面积的，我觉得还挺不错，看上去和原来的没太大差别，结果大面积一上，原来混凝土的力量感一下子变了，改也来不及了。有一个月我非常后悔，觉得自己做了一个错误的判断。

保护剂还分亚光、半亚光和光面的，我选了半亚光的。结果出来的效果又是油光光的，我简直觉得这房子要被我给毁了。结果工人跟我说，"没关系的，到后面反光会淡下去的"，过了两个月，果然就暗下去了。全部上完之后，混凝土整体呈现了一种新的感觉，最初的那种力量感被弱化了，一种轻飘的感觉出来了。最后觉得还是应该这样，因为原来那种特别粗犷的感觉，似乎任何画挂在上面都不足以镇住墙面的肌理给人的冲击。这样的处理，墙面变得细腻了，墙面本身的感觉没那么强了，画也能挂上去了。结果后来我正好去日本，有意观察了安藤的清水混凝土，比如东京六本木的 21 世纪美术馆，结果他着的色比我的还重，实际上全部是做过的，就像涂了一层粉一样，包括坂本的网津小学校也都是做过的，不仔细看不会注意。这多少有点坂本一成经常说的"即物性"的意思，它还是混凝土，但它不是原来那

个了，但它却无限接近原来那个。

范 你刚才谈到在这个空间里可以感觉到一种神圣性，甚至说罗马的感受，然后你描述了对墙体表面进行处理，以及某种"即物性"的处理，从而让那个神圣感纤细了一点、轻了一点。我借这个意思转入另一个话题。记得有一次你去交大做讲座，聊到了冯纪忠的方塔园，以及江南地域对大舍早期代表作，如青浦幼儿园等作品的影响。我们如果用大一点的概念如"中西对比"来讲，冯先生其实有些偏中的，有一点热闹的、人性的东西在里面，而龙美术馆这种特别单纯的空间，虽然能打动人，但在我的印象中，中国传统中好像不大有如此强烈单纯的空间性东西。一方面我很佩服你，就是刚才我说的这个建筑是一个不偷懒、直面建筑学难题的建筑；另一方面我又会反过来想，在中国出现一个如此单纯性的建筑之所以少的原因，是不是和我们的传统有关？或者说你下一步再做设计的时候，又想过一些所谓的中国地域的东西？如果想的话，这种单纯性会不会消失掉呢？

柳 我在设计这个房子的时候没有过多去想传统，我其实就想和一个具体的场地发生关系。因为之前我在嘉定和青浦的一些房子周围实在没有什么参照，就是一片荒地，不知道该和谁找关系，然后就和大的江南地区去找关

系，所以就去找一个比如园林空间范式的参照。但这个地方有一个活生生的历史在这里，一个活生生的构筑物在这里，我觉得这就是直接发生关系的一个对象。所以此时，我们不再需要一个先入为主的传统，传统就隐含在基地里。

范 你的意思是说，你的思维方式其实一直没变，就是想从场地里获取动机，加上你不同阶段思考的建筑学话题，面对不同的条件时，就会自然而然得到不同的结果。

柳 对，在这几年的思考里面，除了结构、材料，以及包括身体性这几条线索之外，还有关于抽象性与具体性的一些思考。前年《建筑师》杂志组织的大学生设计竞赛我还替他们出过一个关于"具体与抽象"的设计题目。因为我们很多的设计都是从传统的空间里抽象出一个范式、一个空间关系来，同样的抽象方式运用到一个新的建筑里去，其实对地点具体性的关注相对较少，都是在大抽象关系里做一个自己内部的小世界。这个设计让我们有机会直接从一个具体的思考开始、从对一个具体的结构物的思考开始、一个具体的场地的思考开始。具体到我如何和地下室的几根柱子接起来，这反而让思考变得简单了，也更快了，整个设计思路一个月就确定了。

范 另外，有同行跟我说，能在龙美术馆里清晰看出你的"借鉴"（Reference）。

柳 每一个建筑师都逃不过 reference，在设计中或隐或显，或愿意公开，或不愿人知。你看比如一说到"美术馆"，我脑子里首先就会呈现康的金贝尔美术馆，这是我多少年来都未改变的我认为最好的房子之一，它一下就进入脑海，但我马上告诉自己，先暂时忘了它，得先去想想具体的场地的关系。

前面做螺旋艺廊时也是这样。之前做的是岳敏君工作室，岳敏君那个光脑袋的画，给我印象很深，我在做螺旋艺廊的时候就老觉得有个光脑袋在那儿飘。所以螺旋艺廊这个弯型空间我一直觉得跟人的身体，跟脑袋、肩膀是有某种关系的，挺自然地就想到这个形态，就是这么冒出来了。这个在垂直方向的弯曲与身体的关系让我印象特别深刻，在设计美术馆时很快又想起这个弯曲，这个算是在自己的作品中找 reference。还有日本建筑师的影响，像坂本一成、筱原一男等，他们更多地开始在思想上对我产生一定的影响。

架构与覆盖：建筑与结构的互动

范 本学期你在同济带本科三年级实验班一个设计课（studio），题目是《架构与覆盖》，我看过你发给我的设计任务书，非常有企图心。你希望通过这样的题目设置带给学生些什么呢？

柳 首先，结构这个问题是建筑本体的一项重要内容，对这个内容的深入研究是被中国建筑师相对忽略的。我并不是说大家不关心结构，而是结构在建筑中应该处于什么样的位置很少被深刻地讨论到。

范 其实，我觉得还有一个重要的原因是，大部分中国建筑师没有能力解决这个问题。这个既包括技术领悟能力，也包括建筑学层面的整合能力与理论意识。

柳 因此我希望同学们能够在五年的教育中至少有一次的课题能够与此相关。我回想我在读书的时候，结构无非就是个技术问题，像结构力学、材料力学、建筑结构、结构选型，比如在什么样的跨度中什么样的结构是合理的，一个大跨度的球场该用什么结构。我的硕士论文是从高层到超高层建筑的设计合理性，高层建筑从100m到200m到300m，结构选型也从框架到剪力墙到筒中筒结构再到巨型结构，根据不同的高度有着相应的适应性，这些还是技术

性的问题，只是建筑到了某种程度需要结构去适应，是一个设计或者说结构的合理性问题。所以大多数的讨论也都局限在结构的合理性问题上。

结构不仅具有合理性，它同样具有表现性，比如当它是网架或者桁架的时候，它具有的空间表现性。但是通过我这些年和坂本一成以及一些日本建筑师的交流，发现在他们建筑作品以及讨论中，结构不是一个简单的技术性问题，也不是简单的表现性问题，而是探索它应该以怎样的方式介入到建筑中来。这是我想让同学去思考的问题。所以在讲解任务书的时候，我说这次的设计是一个从结构入手的设计，但这并不代表我们每一个设计要从结构入手，也不代表每一个建筑要在结构上有所表现、有所成就。但是这个设计我要求你们从结构的方式去入手，而且不是作为一个单纯的技术问题来看待，我希望结构能和具体的场地和功能以及建筑师的思考结合在一起考虑，它能够在诸般关系中转变为架构，转变为具有文化特性的技术，这个时候空间的意义也会随之出现。这也是我从对坂本一成、筱原一男建筑的理解得到

的认识，也就是说结构在结合了来自结构设备、场地、功能、地形等等各个方面的因素之后，它变成了一个"架构"。这个"架构"还是这个"结构"，但又不是原来的"结构"。"架构"相当于一个"即物的"结构。

范 以我个人理解，坂本一成等东工大一派的日本建筑师对架构的关注，包含了他们的个人价值观与专业价值观取舍，会比较关注建造、材料等建筑本体方面。而库哈斯在这个方面（建造、材料）似乎形成了一个鲜明的不同方向。因为他似乎根本不关心所谓建筑本体，他觉得这个世界就是一个粗糙、普通、无特征的世界，因此，落实到专业上，就完全没必要讲究材料与场地的关系，细部的精雕细琢……他只要通过一个很粗野、很强大的东西能够影响到人的活动就OK了。你是怎么看待这个对比呢？

柳 我觉得库哈斯的思想有个语境背景就是"大"和"当代城市"，他是在对大尺度和当代城市的研究下得出这样的认识，我觉得是有他的价值的。我想他是从另一个角度来关心建筑的本体。对于材料和建造，我想他只是在他的理论中不甚关心，具体到一栋建筑的建造的时候，还是逃不脱的。在我看来，当具体到一栋建筑的时

候，尤其是相对比较小的尺度下，就必须有和人的身体直接相关的东西，那时任何材料、构造、细节都会变得重要。

范 好，那我接着往下问，你得出这样的结论究竟是基于你个人的学术倾向？还是从你对周边大部分中国建筑现状中得到的反思性判断？也就是所谓的纠偏？

柳 假如说中国的建筑目前存在一定的问题，这或许是对中国建筑界存在的问题的一个答案或者一个有效的解决方法。而且我觉得需要从各个方面去促使这个问题得到重视，就像我前面提到建筑师应该在结构上有所作为的时候，你提到一个无能为力的事情。这里面实际上暗含着中国建筑界的职业背景或者说训练体系。我们建筑师与结构师之间的关系和日本建筑师和结构师之间的关系是完全不一样的。我们总是去抱怨我们的结构师不配合，或者说他们只注重产值等等。但其实我觉得他们也挺有追求的，只是他们没有机会，或者说他们没有进入这样的语境，他参与不到对建筑的讨论中来。比如当我在为龙美术馆的设计寻找结构工程师的时候，最后的一个结构师我一给他看我的方案，他说"这个房子结构做完以后倒是可以写篇文章"，这就是最后我选的张准，我没想到一个结构工程师的第一反应居然是这个，多有学术追求！他当时其实是在一个施工单位里工作，并不是设计单位，其实他的结构水平超级厉害！但我觉得，如果还是呆在那样的施工企业里有可能再过几年他就"没了"。

范 的确如此，太多这样的结构工程师最后"没了"，没有机会去把他的想法变成现实。

柳 对。后来我发现他做事的态度和其他结构师一比那完全就不是一个层次。有一次我在交大做讲座，会后，有一个提问说请问这个结构师的名字叫什么？我说，叫张准。然后迅速地，王骏阳老师的房子也叫张准来设计结构，到现在祝晓峰、张斌，很多建筑师都找他来做结构。我们最近有个项目找了日本的结构师大野博史做一个步行桥设计结构配合，张准做国内的配合结构师。其实在计算速度上，张准甚至比大野博史还快，但不一样的是在设计概念上，大野博史能一下知道我要干什么，甚至提出从他结构角度的设计概念，张准则必须要我和他讲清楚。因为大野博史是学建筑出身的，而中国的结构师计算能力都强，但结构与建筑互动

的概念不强。不过现在张准已经逐渐在向大野博史靠拢了，他也在考注册建筑师呢。

范 这个与其他工种行业互动的话题太有意思了，继续讲得细致一些吧。比如拿龙美术馆来说说。

柳 在龙美术馆里，结构和机电的概念其实是建筑师和机电工程师共同完成的。设计院的工程师，有个习惯性的问题就是特别害怕审批部门的意见，对很多探索性的设计有顾虑，担心通不过重做。

比如这个建筑最后采用的消防灭火系统是大空间智能洒水器，只有这个系统才能满足建筑上清水混凝土顶棚不做吊顶的要求，但这个系统在上海很少用，一开始给排水工程师不敢做，怕消防审核通不过。我还是坚持希望采用，至少可以先去消防局征询一下，既然是新东西，就得不怕麻烦，最后幸亏上海开过世博会，世博会引进过这个智能洒水系统，因为这个规范只有广东的地方规范有，上海是不允许的，但是世博会为了建造世博场馆破例引进了它，所以有了这个先例，这个房子也可以盖了。这个建筑的设计是基本上一个月做完方案之后，大半年的时间都在解决技术问题。

范 这么看下来，愈发让我觉得这真是一个不偷懒的建筑！你其实逼到了我们行业很多习惯行为的底线，你要替其他专业做很多他们不习惯但其实是行得通的事情。

刚才你谈到建筑和结构，这里做对谈记录的几位交大本科生虽然是建筑学专业的，但都获得过全国大学生结构大赛的一等奖，因为我们交大建筑学系和土木系都很小，在教学中会有很多深入合作。土木系有一个很好的结构老师叫宋晓冰，他就有非常清晰的结构与建筑互动意识，他会带领土木学生和建筑学学生一起做事情，也会深入到我们建筑学的教学环节中来。他从来不会觉得，土木只是在给建筑来配合的，这个和张准有点像。

但我也知道，真想达到结构与建筑互动，其实还是挺难的。那么，在我们现在各个专业如此割裂的建筑教育系统里，你把《架构与覆盖》这个题目拿给同济三年级同学做，怎么来一步步贯彻呢？

柳 刚开始的时候，同学们是完全没有方向，差不多一个月的时候我就觉得：哎呀，这个题目是不是出错了，这对他们来讲太难了，因为当时一起带课的还有庄慎和祝晓峰。

在开始阶段，我们三个人每人先做了一个讲座。我是从架构与覆盖这个角度，做了一些案例分析，包括坂本、伊东、筱原一男和瑞士的一些建筑。祝晓峰做的是一个关于图书馆历史沿革的讲座，庄慎做的是一个形式与调性这方面的讲座，他是在讲一个整体的氛围，譬如结构和其他的东西在一起形成一个整体的调子和一致性的形式感觉问题。

然后，我们插了一个小题目：让大家去设想一个自己脑子里最理想的或者最喜欢的阅读空间是怎样的，这是一个一周的快题。然后就产生了各种设想，比如在蘑菇柱底下的或者阁楼上的空间，每个人的想法千奇百怪，然后我们希望大家不要忘记这个开始的关于结构的设计。后来发现，这个快题作业还挺有效的，因为学生最后做完的结果和最初的东西还是有关系的，否则一个图书馆到底用什么样的结构，其实是有无限可能性的，比如他们是做桁架还是坡顶，还是圆形的，怎样都可以。

范 也就是说，通过这个小快题，给学生一个入手的方向和标准——"我喜欢的是什么"——这成为了他的一个设计出发点。

柳 对！他先有一个空间想象了。

范 而且这个"我喜欢"是有暗示引导的——它会和一个具体的结构或者架构的概念挂在一起。

柳 其实过程中也没有去特别引导他们，但是前面我们已经做了这样的讲座，包括题目设置，可能是有这样的一些暗示吧。后来慢慢一个月之后，同学们就全出来了，而且各种都不一样，最后我们要求让他们做架构和完成两个模型。在架构模型中，他们又把自己的结构给抽象出来。实际上架构模型出来之后，一个房子怎么搭建起来已经非常清楚了，不用讲就非常清楚了。当中还有请张准给他们做了一次辅导，用了星期天一整天的时间，给每个人单独做辅导，结构形式是否合理，在这种前提下梁和柱的尺寸是多少，然后是要悬吊还是悬挑之类的等等。他一说就很管用，然后再往后就变得很逻辑化了。

范 那就是说到最后，学生理解到了刚才你讲的架构的概念了。

柳 我想学生应该是理解到了。而且总共八周半，在大概第五、六周的时候，他们来问我的问题已经是非常厉害了。有的学生已经就坂本一成的《建筑的诗学》一书，开始对王方戟老师曾经做过的提问质疑了，哈哈。

也谈日本当代建筑

范 下面一个问题。你肯定很了解当代建筑学在各个国家的发展，包括很多国家的建筑、建筑师的作品都现场看过了。最近很多朋友都在说，柳老师似乎对日本当代建筑师特别很感兴趣，我想问其中原因是什么？

柳 因为日本比较近，来去方便。当然也有一个比较偶然的原因，就是同济和东京工业大学联合教学，有一次王方戟和郭屹民邀请我一起去东工大观摩评图，大概是 2009 年吧，从此去的就多了。

范 那具体谈谈这些日本建筑师对你哪方面的思考有启发吧，比如"架构"？

柳 就拿筱原一男的住宅来说，比如他的"谷川之家"里的结构。他把顶全部刷白，成为一个单纯的"顶"，室外坡地的地形也延展进入室内，室内有一个非常强烈的木构支撑，这是一个结构，但是在这个空间里，因为有着倾斜的地形以及屋顶的覆盖，它又不是一个单纯的结构了，它和覆盖一起变成一个架构，而不是结构的本身。也就是说它具备了其他的意义。不过对筱原一男来讲，他是要剥离结构作为技术的意义。他想让这件事"意义零度"。但其实"意义"是

零度不了的，任何事物都会携带意义。就像龙美术馆，这个"伞"原来只是一个"伞"，但是两个伞并在一起的时候就出现了"拱"。然后有人就在里面想到罗马了。"罗马"它就是这件事物的一个意义，这件意义其实和这本身没有关系，但是因为我们有建筑学的背景，他可能因此想到罗马，这就是事物和空间的意义。也有人想到防空洞，那也是这个空间的意义。但是到了里边就很少人想到还是那把"伞"，在这个空间中伞的结构性没有那么强了，它的结构本身已经转化为空间的意义了，也就是说这个结构在建筑中是一个"即物的"结构，它变成了一个架构而不再以结构本身而存在。

坂本一成先生参观完龙美术馆，对这个房子有一个批评：他说这个房子在室外露出的一半出挑，让结构又回到"结构"上去了，又回到了"伞"了，这就没有室内做的好，在室内"伞"的结构性已经相对转化、消解掉了，但是在室外它又非常强烈的出来了，他觉得它在室外和人身体的碰撞没有室内的那种舒适感。

范 你是想要刻意分别处理室内外结构感觉吗？

柳 在室外我的确是想把一两个悬挑露出来的，

想以此和煤漏斗产生一些关系。其实在做这个方案的时候我并没有对"结构"、"架构"这件事想的很清楚，架构这件事情我是在东南的筱原一男作品展的时候忽然想明白的。

范 那是 2013 年的四、五月份吧？

柳 对，那时我突然开始意识到"架构"的意义所在了，但关于架构的讨论在 2010 年就开始了，坂本的书我也看了好几遍，然后"结构＋场所＝架构"，那时我大概明白这件事情，但是我不明白这件事有什么意义。当时丁沃沃老师也问，结构加场所那就不是建筑么？王骏阳老师则觉得坂本老师提这个有一个好处，就是可以避免结构表现主义。比如我们拿坂本、筱原一男的结构表现去比较理查德·罗杰斯或者"高技派"的结构表现，那完全是不一样的，罗杰斯更多的是为了表达技术本身，为了一种风格，而筱原是为了去营造空间。你看筱原一男的"白之家"一定要在一个坡顶下吊一个白色的平顶，就剩一根独立的柱子在空间当中，我当时理解他是想在空间当中让这个柱子"主题化"，后来我才明白他是想在空间中消解柱子作为结

构的意义。你能感觉到这个柱子好像是结构，但是好像又不是原来的结构……

我曾经问坂本先生为什么想要采用这样的做法，他有一个房子中有个木头柱子，那个业主用了非常昂贵的木头，坂本先生觉得"为什么木头要有贵贱之分呢？，为什么杉木就比花梨木便宜呢？"，他觉得对木头的贵贱是我们固有的看法，他认为这是一种社会的制度——一种贵贱之分——他觉得这是有问题的，是应该被质疑的。他就有意地把名贵的木头上了漆，让你看不出这是名贵的木头。他就要消解这个制度，这就是他的做法。

范 是出于他个人的价值观。

柳 是的，我感觉这有一定的民主思想在里面，他不希望有特权，不希望有贵贱，就像他坐飞机就会质疑为什么要有头等舱和普通舱，飞机上应该都是一样的舱位，他拒绝坐头等舱。这是深入到他内心的一种价值观，他把这种观念表达到他的建筑中来。那是他个人对于这个社会的一种批判性认识。

范 按照我们专业的说法，这种批判性是可以通过独特的专业语汇表达出来的。

柳 是这样，建立我们自己的价值观，或者说我们对这个社会的批判性，如何以一种建筑的语言表达出来。我觉得这可能是我未来想要做的。

范 也就是说价值观不一定要相同，但是方法是可以拿过来用。

柳 对。

范 而且用这种方法，即转化为建筑的语言，可以成为我们设计建筑很重要的一个源泉。

柳 没错，我觉得在这个立场上，建筑是可以成为艺术的。

范 也就是一个属于个人的创作。

柳 是的，艺术家都是用这样的一种方式来做作品的。而建筑即使没有把它本体的东西丢掉，也是可以成为艺术的，不是说去做一个造型，做一个装置等等。建筑区别于其他艺术门类，同时它还是可以以它自身的方式成为一种特殊的艺术。

范 而且可以把这种价值观体现在从大到小的所有建筑本体语汇中。

柳 这些思考我觉得是建立在建筑本体上的，并没有偏离建筑作为建筑本身的内容。因为我们之前做的比较多的是在郊区的房子，对城市性的关注比较少，所以对建筑本体的思考相对比较多。不过要界定本体本身也是比较复杂的一件事，比如空间、城市、场所、结构、建造等，都可以算做建筑本体性的内容，但是如果要关注建筑完成出来的空间质量或者建造质量，我觉得对结构材料的关注是有帮助的。当然从城市的角度去思考建筑如何对城市开放，与城市融合也可以形成很好的空间质量。但是在建造的层面上，如果我们能够花更多的心思在结构、材料上的话，我觉得有助于在中国目前的实践背景下去提升它的建造质量。因为我觉得中国人多少有些脑筋太"活络"了，一旦建筑成为一个用嘴巴去说的事情，大家就想偷懒了。就觉得靠一个创意或者概念构思就可以出现一个好建筑了。我觉得还不能仅仅满足于去建立一个和城市的大关系，还应该更深层次地去探讨建造这件事。

范 另外一个能够把批判性价值观体现在建筑语汇并对你有影响的日本建筑师，我记得还有伊东丰雄吧？

柳 伊东对原始性空间的研究对我颇有启发。他在1975、1976年做了中野本田之家，那种

圆的、空间很封闭的（形式），那个时候日本
整个社会的治安情况不是特别好，伊东的姐夫
刚刚去世，姐姐带着一个小女儿，特别怕见生
人，需要一种安全感，所以他做了一个像山洞
一样的房子，包括坂本他们那个时候做的一些
房子都是封闭的盒体。到了 1980 年代，日本
社会变得特别开放，黄金时代到来。伊东观察
到日本社会家庭观念越来越淡薄，年轻人在便
利店里十二点不回家，都市游牧者的生存方式
变得流行，所以他觉得未来的建筑应该是轻的、
临时的，然后做了他的银色小屋。他后来做了
一系列关于轻建筑的实践，仙台媒体中心可以
说是到了一个顶峰。然后他又开始考虑回归原
始的问题，人在当代社会里交流可以通过电脑，
不需要外出，身体不用运动就可以走遍全世界，
觉得身体越来越被技术异化。这个时候他认为
用原始性的空间对找回人的身体性有着某种治
愈的作用。

范 你为什么会选择这样一批日本建筑师。就我
所知，这样一批人其实只是日本建筑师中的一
个支脉，是因为他们有作品特别打动到你么？

柳 当然郭屹民是比较重要的一个角色，他翻译
得特别好，然后每次都是他安排行程，然后问
我去不去，去日本后就和那里的建筑师一起聊
天，然后就发现日本建筑师中无论是他们的传
承，还是他们看待建筑结构之间的关系，建筑
师与结构师之间的关系，都是有很清晰的传统。

　　在日本，有东京大学（东大）系统，也有
东京工业大学（东工大）系统。在东大丹下健
三的"新陈代谢时期"，筱原一男等东工大学派
建筑师好像只能在建筑技术上发表作品。在那
个时候，日本主流建筑界认为住宅不能算建筑，
只有公共建筑才是建筑。丹下他们都是对超尺
度的巨构感兴趣，那是那个时代日本建筑现代
性的大叙事。

　　那时的筱原他们则是关注传统，系统地研
究日本的民居，比如他认为"民居是蘑菇"，
他研究的是住宅和城市生长以及肌理脉络之间
的关系。筱原很早就认为未来的东京会以一种
混沌的方式存在，东京将来在全世界会有魅力
将会因为它的"混乱之美"，也就是混沌。他
觉得这种"混乱"会是一种城市的价值，结果
多少年以后他的理论被证实确实是这样的。也
就是凭着"东工大学派"的努力，在日本，住
宅才慢慢被认为是建筑，你看今天《A+U》等
日本建筑杂志大多都是小房子、小住宅。我觉
得相对丹下一派，筱原一派的工作是日本建筑
现代性的小叙事。日本当代建筑的发展一直有
这两种叙事在平衡。其实我觉得西方社会也是
这样的，西方社会就是通过这样的两种现代性
的相互平衡和不断地修正，比如既有卡尔·马
克思，又有本雅明，它才会走出一条人性化的
现代性道路。**END**

绩溪博物馆
JI XI MUSEUM

摄　　影	李兴钢、夏至、李哲
资料提供	李兴钢工作室

地　　点	安徽绩溪
用地面积	9 500m²
建筑面积	10 003m²
设计团队	李兴钢、张音玄、张哲、邢迪、阎昱、张一婷、易灵洁、钟曼琳
结构设计	王立波、杨威、梁伟
景观设计	李力、于超
设计时间	2009年11月~2010年12月
竣工时间	2013年11月

0 5 10　　　　30m

```
1  2  4
3     5
```

1　总平面图
2　俯瞰古镇里施工中的绩溪博物馆
3　西南方向全景
4　南立面局部
5　古树庭院

绩溪博物馆位于安徽绩溪县旧城北部，基址曾为县衙，后建为县政府大院，现因古城整体纳入保护修整规划，改变原有功能，改建为博物馆。包括展示空间、4D影院、观众服务、商铺、行政管理、库藏等功能，是一座中小型地方历史文化综合博物馆。

建筑设计基于对绩溪的地形环境、名称由来的考察和对徽派建筑与聚落的

调查研究。整个建筑覆盖在一个连续的屋面之下，起伏的屋面轮廓和肌理仿佛绩溪周边山形水系，是"北有乳溪，与徽溪相去一里，并流离而复合，有如绩焉"的"绩溪之形"的充分演绎和展现。待周边区域修整"改徽"完成，古城风貌得以恢复后，建筑将与整个城市形态更加自然地融为一体。

为尽可能保留用地内的现状树木（特别是用地西北部一株700年树龄的古槐），建筑的整体布局中设置了多个庭院、天井和街巷，既营造出舒适宜人的室内外空间环境，也是徽派建筑空间布局的重释。建筑群落内沿着街巷设置有东西两条水圳，汇聚于主入口大庭院内的水面。建筑南侧设内向型的前广场——"明堂"，符合徽派民居的典型布局特征，同时也符合中国传统的"聚拢风水之气"的理念；主入口正对方位设置一组被抽象化的"假山"。围绕"明堂"、大门、水面有对市民开放的、立体的"观赏流线"，将游客引至建筑东南角的"观景台"，俯瞰建筑的屋面、庭院和秀美的远山。

规律性组合布置的三角屋架单元，其坡度源自当地建筑，并适应连续起伏的屋面形态；在适当采用当地传统建筑技术的同时，以灵活的方式使用砖、瓦等当地常见的建筑材料，并尝试使之呈现出当代感。 END

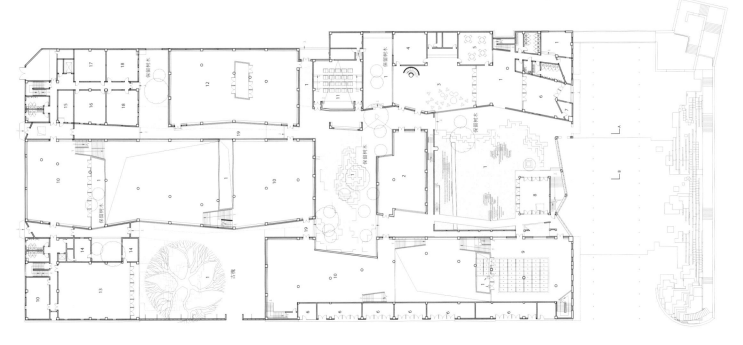

1	庭院	6	商店	11	4D 影院	16	技术和管理用房
2	序言厅	7	售票	12	临时展厅	17	临时储藏
3	接待厅	8	茶亭	13	报告厅	18	藏品设施空间
4	贵宾厅	9	保留县衙遗址	14	设备用房	19	街巷
5	教室	10	展厅	15	消防控制室		

```
1    3
2    4 5
```

1　一层平面
2　主庭院黄昏
3　"瓦窗"和通往游廊的台阶
4　曲折路径穿越洞口消失在庭院深处
5　"山院"

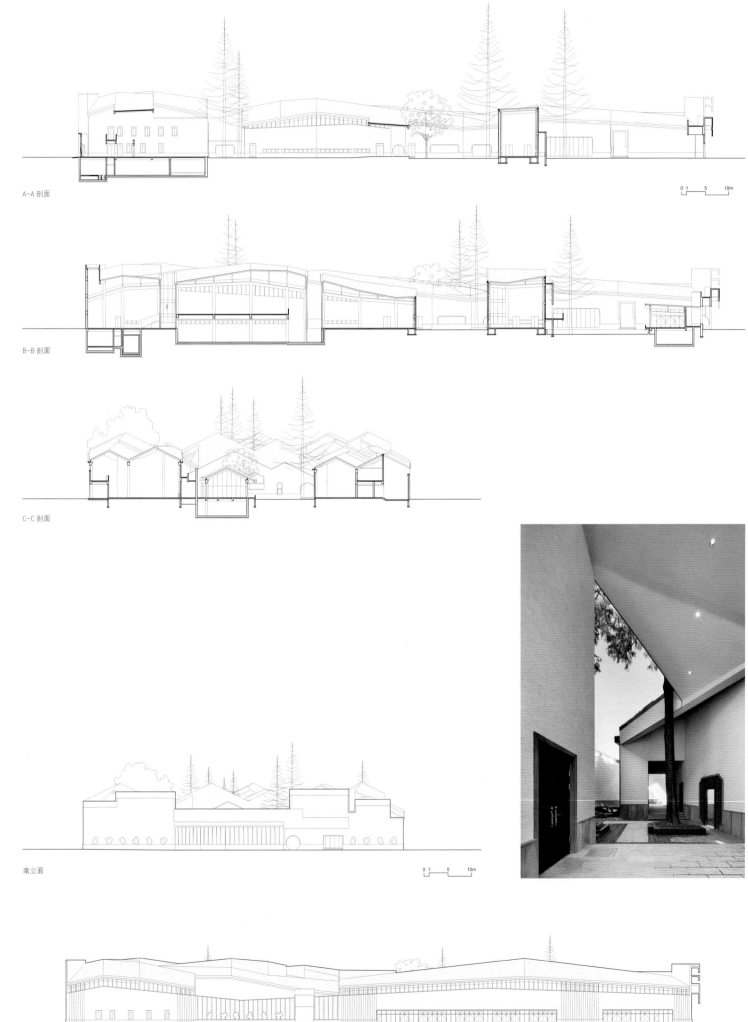

A-A 剖面

0 1　5　　10m

B-B 剖面

C-C 剖面

南立面

0 1　5　　10m

　西立面

| 1 | 5 6 |
| 2 | 3 | 4 |

1　剖面图
2　立面图
3　过廊和保留的树
4　屋顶观景台
5　通往观景台的楼梯
6　内街与水圳

1	
2	3

1　公共大厅室内
2　展厅室内
3　室内天井自然采光

谢宇书：美即是风格来临前的序曲

撰　文｜费思
图片提供｜芮马设计工作室

　　毕业于淡江大学建筑系的谢宇书，身兼设计师与音乐人的身份，1999 年即成立独立事务所——芮马设计工作室，同年成为 Sony 唱片专属的签约词曲作者。在音乐领域，被誉为"亚洲最帅中高音"的他，为林志炫等多位艺人撰写词曲，目前在设计项目之余，还在受邀参加林志炫世界巡演的演出，最新创作曲《香水》即将收录进林志炫的新专辑中。设计成就丝毫不逊色于音乐领域的他，担任的设计项目曾获得 APIDA 亚太设计大奖、TID 大奖、上海金外滩奖，以及 2014 年英国 Andrew Martin 国际设计大奖等多项荣誉。有趣的是，游走在两种身份之间的谢宇书将音乐上的天赋与经验，融进室内设计的空间营造，用现实的设计实践来印证"建筑是凝固的音乐"的名言。

　　在谢宇书看来，室内空间的设计可以做出如同交响乐、爵士音乐风格的节奏。在 Shape of Time 项目中，他就尝试出用各种斜面切割空间，制造出现代音乐先驱格什温风格的室内设计。"在这个空间中没有一条线是平行的，但是，人们在每一个可以居住的空间中，都会感觉到舒适。因为，在这些斜线中，没有一条线或是尖锐角是对着身处空间中的人"。按照谢宇书的做法，他需要在现场待很长时间，逐一矫正线条的切割方式，让这些乍看起来"炫"的线条，转化成符合音乐节奏的"雕塑性"效果，让人们得以从内部空间中感受建筑的流动性。

　　然而，经过了几次成功实验之后，谢宇书开始玩起了新的尝试，试图颠覆自己被打上标签的"风格"，抱着"认真游戏的精神来颠覆自己"，重新思考艺术、音乐和建筑能够给予设计师的养分。在台湾做设计师的经历，让他感受到面对成熟的市场和消费者的压力。消费者在网络、报刊或者自己的旅行体验中得到很多资讯，甚至是很细微、专业的工法都会逐一请教设计师。这也让设计师需要时不时地进行思考，"对我来讲，要做到理想状态就像修行很高的人一样，需要经历各种的进阶。"

　　今年年中，谢宇书为红星美凯龙设计的屋顶花园项目即将落成，届时他自己也将与其他各类跨领域的创意设计师入住这个设计的共享平台，来进行他未完成的风格实验。"因为世界上最美的、能够让我们感动的事物，恰恰是风格形成之前的状态"，设计师如是说。

风格来临前的序曲

A PRELUDE BEFORE A NEW STYLE COMING

撰　　文	费思
图片提供	芮马设计工作室

地　　点	中国台湾台北市富锦街
建筑面积	140m²
主要建材	水泥粉光、乐器零件、环氧树脂、实木、玻璃
竣工时间	2013年3月

　　这个项目是设计师为自己打造的全新工作室，取名为"风格来临前的序曲"，正是设计师自己对设计不应被风格框住的定位。地点选在在台北富锦街上，这是一个文化气息浓郁的传统小区，周边是漂亮的林荫小道、咖啡店以及设计小店。在此，其实更是设计师试图完成自我"颠覆"的试验场。在此之前，人们会认为谢宇书的风格更偏向于"切割空间"的方式来塑造空间。在此，设计师想进一步实验音乐与建筑共呼吸的设计感。

　　"我希望地上有用光来呈现潜意识音乐的流动感，能够让意识'亮'起来，谢宇书的做法则是用环氧树脂和光纤来制造光的流动，

未来，他还在实验让这个材质与木头、玻璃等各种材质合在一起。设计师在空间中充分地将音乐与设计联系在一起，具象地使用乐器零件制作成桌椅、洗脸盆以及灯具，让每个使用者仿佛在乐队奏乐一般地使用这些器物。在空间分割中，将每个房间涂抹成不同的颜色，使用各种不同的梁柱材质，制造出仿佛节奏器效果的运动感。而且，在顶棚与墙面的对话中，利用了建筑物原设计中使用的实木窗，在后阳台中形成韵律感的透光墙面。未来，芮马设计将不定期举办小区音乐会，加上热爱音乐、志同道合的员工们以及周围的邻居们，可以邀请大家参加芮马的"光的音乐会"。

1　设计师自建工作室
2　呈现音乐与设计来临前的序曲

1	4
2 3	5

1 环氧树脂与光纤维实现让意识"亮"
起来

2 工作台旁的钢琴是设计灵感的源头

3 斜角空间的运用分割出办公与休息区

4 模拟乐器形状的家具

5 没有风格即是风格的设计态度

庄周晓梦之超现实狂想曲
THE SURREAL RHAPSODY

撰　　文	费思
图片提供	芮马设计工作室
地　　点	中国台湾台北市
建筑面积	990m²（含停车场）
空间类型	办公空间
主要建材	水泥粉光、环氧树脂、实木、玻璃
设计时间	2013年7月

　　项目业主是一家从事音乐剧演出的公司，为了兼顾白天公司员工处理事务，以及晚上供音乐剧排练的双重功能，给设计师提出要求设计出一个能让音乐灵感肆意灵动的自由空间。"放手让我玩出特别的空间来"，这份"放任"的自由度让谢宇书决定利用这个场地的990m²"玩"一把设计实验。构思方案的时候，他以一个音乐人的视角，用交响乐三段式乐章的结构处理建筑的内部空间，把音乐上的起承转合凝固成可以触摸得到的实体。

　　第一乐章，以道的概念来处理室内设计。一根根的木条排列出序列变化，呈现出无形

的宇宙自然观。如同树林中的树木一样，看起来似乎是一样的，但实际上每个木条的排列都有它自己的特点，制造出有趣的空间规则。第二乐章则关注超现实的意识感受，仿佛人们进入梦境中感受到音乐的自然流淌。同时，因为这个空间的名字称为"庄周晓梦"，谢宇书特别在处理其中一个空间的顶棚时，用到了蝴蝶形象，把故事中的场景带进实际空间。但是，他也不是纯粹用中国元素来再现梦境的主题，反而更倾向于使用类似达利"融化的时钟"形式，尤其是体现在休息空间中设计的吧台设计。担当茶水间功能的吧台，

使用厚重的混凝土材质现场浇筑而成，却体现出灵动如同流水的效果。设计师认为，就像是书法艺术中的抑扬顿挫，建筑、音乐、艺术有着神奇的一致性。在第三乐章中，乐曲的高潮在此徐徐地向人们展现。如果说之前的音乐，是"很清晰的乐句"，现在的音乐"像小提琴拉出来极碎的乐符"。为了呈现这样的效果，设计师将多次试验的环氧树脂和光导纤维运用在地面的设计上，内嵌在地板中的流线形曲线，把抽象的表述化为真实的实体。设计师希望在此排演音乐剧的演员们能够享受到音乐激情迸发的一刻。■

1	2 3
	4

1　现场浇筑而成的流水型水泥吧台构成空间的基调
2　曲线分割而成的空间诗意
3　地面上"流动的意识"激发空间中人们的灵感
4　顶棚用斜角"雕塑化"内部空间

吴钢：
平常心

撰　文 ｜ 王瑞冰
资料提供 ｜ 维思平建筑设计（WSP ARCHITECTS）

吴钢：维思平建筑设计（WSP ARCHITECTS）主设计师、董事总经理。

同济大学景观设计专业学士，德国卡尔斯鲁厄大学建筑学硕士；1994年成为慕尼黑西门子建筑设计部设计主持人、亚洲项目设计总裁；1996年成立慕尼黑WSP建筑师事务所；1999年在北京成立维思平建筑设计事务所，连续多年荣获"中国最具品牌价值设计机构"。

吴钢先生的作品及论文广泛刊载于国内外学术刊物和公共媒体上，并在2013年"米兰双年展"，2012年"伦敦当代中国建筑展"、2008年"荷兰设计周"、2004年"中国国际建筑艺术双年展"、2003年德国杜塞尔多市"中国当代建筑展"等展览上展出。

他也是亚洲建筑师协会会员（AA Asia），中国十大新锐建筑师，中国100位最具影响力的建筑大师；香港中文大学建筑系副教授，南京大学、东南大学、内蒙古工业大学等多所著名学府建筑系的客座教授及评委。

获奖：
2014ASIA PACIFIC PROPERTY AWARDS, 2013英国 LEAF AWARD, 2002-2012WA中国建筑奖, 2012中国建筑传媒奖, 2009芝加哥国际建筑奖, 中国建筑学会建筑创作大奖, 2001台湾中华建筑金石奖, 1988日本国际龙富士艺术金奖等。

"平，是我们的态度，也是一种观察世界的角度，平常，这品质内含了中庸、节约、稳定、坦率、历久常新、经得起时间的考验，这些，正是伟大的建筑，所具备的品质，也正回答人们对永恒、可持续的追求。平常心，让我们在繁华、浮躁的世界中，看见事物的本质，这种精准的观察，让我们能回归到问题的本质，设计，因此会变得更有利，更简练。这么多年来，维思平的作品，就是建立于这一态度之上，一如以往的，做平常的好建筑。"
——维思平设计理念

ID =《室内设计师》
吴 = 吴钢

童年及求学：栽下对空间质量的认识

ID 您小时候的生活是怎样的呢？

吴 我觉得最美好的时光就是小时候了，那时住在皖南黄山脚下的屯溪，那里的小村庄和民居都非常美好，清清浅浅的溪流，甘甜的小江河水，我们拿着竹子做的箭射溪流里的鱼，打了井水，放在太阳底下晒热喝，再弄几个小竹排，顺着溪流躺下去，整个竹排一翻开，做几个倒钩，就有鱼在上面，我们就在小河边烤鱼肉吃，有时都不愿回家，直到晚上九、十点钟，我外婆还会揍我屁股说"今天又这么晚才回来"，特别美好。

还有一个影响特别深的是，我小时候生活在院子里，小学也在院子旁边，叔叔阿姨、朋友们都互相认识，我认为那样的人际关系是最好的。我应该是在小时候栽下了对空间质量的认识，对我来讲，生活环境和社区关系如果没有达到让各个个体的日常生活过得更好、个体之间产生更多交流，是不对的，这也形成了我现在对所有城市或生活环境的批判性思维。

中学是在合肥的一个重点中学，当过三好学生、课代表、班长，读书很认真，也很听话，日子过得挺正经的。那时没感觉到设计方面的兴趣，但分到理科班，可能跟我父亲是桥梁工程师有关，因为经常跟着他到淮河边的桥梁工地耳濡目染。

ID 考大学时，怎么会想到学建筑？您的建筑求学之路是怎样的呢？

吴 考大学选专业，实际是父母之命。我记得其中有个志愿是清华结构系，同时还报了同济建筑系的几个专业，最后录取在同济的园林绿化专业，我父亲认为这可能跟种菜有关，就买了些书做准备，比如《蔬菜种植法》。

在同济的五年，对建筑的认识还没建立起来，懵懵懂懂。但如绘画、建筑观察等基础功底教育还比较扎实，同济环境也较自由，我闲着也做些竞赛，得到认可，挺开心的。在国内，我可能是第一个赢得日本《新建筑》杂志大学生竞赛的学生，奖金有 3000 美金，这在当时（1986 年 ~1987 年）是很大一笔钱，在同济非常轰动。

1990 年到德国继续学建筑，各种信息都开始爆炸式呈现在我面前，冲击很大。因为那时的中国，改革开放刚开始，而到德国，一下飞机，到了我的赞助人（当时的 ABB 总裁）住的小村庄，

苏州生物纳米科技园

觉得真是天堂式的环境，宛如回到童年，唤醒了我很多对生活环境以及空间的美好向往。但童年的环境只是很美，没有达到富裕，在德国则是更深一层地让我第一次看到了"资本主义水深火热的生活"。

学校氛围也相对自由。本来我在同济，比如参加竞赛探讨如何将江南园林、传统建筑嫁接到未来、如何可持续发展，都是自发行为；而在德国，则是被非常系统地推动思考自我内心需求和文化环境，德国建筑教育很少谈"主义"，而更多强调实践，理论跟实践的关联性非常强，教室里所学在街上就可看到，确实能

够达到言行一致，这可能是欧洲建筑教育的一大特点。那时还去了很多国家如法国、意大利、西班牙、葡萄牙，这期间可能是我成为专业建筑师的一个重要过程。

ID 毕业之后，您在西门子的建筑设计部工作了很长一段时间，这份工作吸引您的地方在哪呢？

吴 1994 年开始在西门子的工作经历，对我挺关键的。西门子是跨国公司，建筑设计部负责西门子在全球各地如南非、新加坡、葡萄牙、中国等地的办公、居住或工业建筑。这份工作让我接触到了不同国家和不同的人，"行千里路"让我真正认识到"全球化"的切实含义——

当世界发展到一定程度，很多因素包括资源、文化、经济、政治的集合会产生强力，迫使很多人或企业甚至国家全球化。这段经历让我能够从更宽广的全球化视野，来观察我所从事事业的意义，对自己作为设计师有了更完整的认识：比如当时刚从德国回到中国做的西门子项目，我很自然地会去考虑中国的地域性、现实情况、当地气候及文化等特点，都跟这段经历非常有关，包括 1999 年 ~2000 年期间的北京西门子总部，完全用灰砖砌起来，非常安静，但对建构非常讲究，很独特；还有西安三合院式的西门子信号工厂、北京西门子专家别墅等。

创立维思平：追求平常的好建筑

ID 后来怎么会想要自己创立公司？

吴 我可能是有童心的一个人，到哪都会觉得挺开心。我在西门子待得很快乐，而且当时理查德·迈耶是我们的顾问总建筑师，他的合伙人是我们的主设计师，他带着我做设计，西门子建筑也是白净的风格，代表了 1990 年代西方主流白领精英文化的一种思考。

我之前主要负责欧洲项目，但 1995 年 ~1996 年，我开始接触到西门子的中国项目，也有一些人请我们在中国做些小建筑，内心深处的文化认同很自然地被唤醒了，而且看到中德两国的区别，突然感觉自己所学会在中国发挥很大作用，多年积累和自由度也突然有了宣泄口，对中国大规模高速建设及城市化进程中出现的一些问题持批判的同时，也希望能积极参与其中，所以再回德国几乎是不太可能。然后就开始自己承接项目，也会接西门子在亚洲的项目，最后就在中国留下来了。

ID 您做了很多"平常建筑"，在中国普遍追求

大型、纪念性、新奇、快速、廉价的建筑环境中，您为什么会给自己做出这样一种定位？

吴 维思平始终都绝不会去顺应任何一个暂时新奇的潮流，社会永远在进步，虽然需要时间，但人最后永远会感知到自己的文化、心理和精神需求，以及日常的物质需求，最后理智会战胜虚荣。所以，虽然建筑设计是综合的，跟政治、经济、市场，甚至话语权需求都有很深刻的关系，也如李翔宁老师所说，社会本身就在需求大、纪念性甚至新奇，纪念性建筑也是每个建筑师的梦想，但我可能继承了德国教育，宁愿去做"平常建筑"——正确、自然、日常的好建筑和城市，以改善人的日常生活为终极目标；更希望建筑是扎根于地域，扎根于气候特点，扎根于使用人群的精神和文化归属。我们在中国的商业环境中，坚持持续做出了一些"平常"又独特的居住建筑、办公建筑以及城市设计，这本身就是一个奇迹，而这也是中国现今的建筑环境所稀缺的。

ID 维思平大部分项目是住宅和办公，偏向大批量的高速建造，在平衡速度、数量和质量方面，维思平是如何做的呢？

吴 可能跟我在西门子的经历有关，我们对项目的团队组织有很强认识，不是个人工作室的创作机制，而是非常严谨的联合事务所机制。有 5 位主设计师；同时有七八个不同的工作室，每个工作室有一位设计总监，带领项目建筑师和团队负责人；同时有主设计师负责制，每个项目由一位主设计师带领团队完成。每周还有一个设计讨论会，主设计将对事务所里所有事情，以及当时进行的项目进行讨论，也会在创作阶段跟年轻设计师共同创作方案，最后在设计讨论中确定设计该如何进行。

在技术层面，我们也有自己的产品研发包括住宅、办公、综合体、城市化课题。虽然我们的建筑都较平实、现代，但我们对建筑作为一个产品的研究，从未停止过。我的教授，一些顶级大师如瑞士的 Luigi Snozzi，荷兰建筑师师 Jo Collen，瑞士景观大师 Dieter Kienast 等都是真正的现代社会的艺术家，并非生活在传统乌托邦的建筑理想中的人物，他们对现代工业社会的产品生产包括使用功能、建造工艺及建筑物理性能等，都有非常理性和充满激情的认识和创造，这很深地影响了我和我的事务所。同时，技术管理团队负责把研究跟实践不断标准化，如何在快速的前提下保证质量？建立标准和规范是必须的。

我们还一直讲究系统的工作和设计方法，推崇一体化及交流式设计——跟客户一起讨论设计，在设计过程中，整合规划、交通、结构，甚至市场研究等领域的专家意见，使设计更有系统，更有理由。

设计的激情很重要，设计的理由同样重要，

海南莺歌海低碳未来城

杭州支付宝大厦

保证创作活跃，同时保证组织严谨，维思平在国内独立事务所中，这两者的平衡应是做得最好的。这也是为什么很多事务所或独立建筑师，只能做些小建筑，而我们虽然是创作型团队，却能完成大型项目设计，而且建筑完成度和品质感都很高的重要原因。

ID 您所说的设计的理由和设计的激情具体是指？

吴 建筑首先须有社会性，其次须有功能性，最后，建筑必须是艺术，当然，要反映文化多重的特点，并不是两维或单维，而是多维思考。我们首先会从城市环境分析起，通过有效的空间和形态组织，使某个特定城市更加步行化和可持续；我们提倡立体城市、混合功能、回归传统的社区感；强调功能、建造、形态和空间建构的理由，这些都是我们设计的理由。

同时，建筑设计又是一种创作，在理性思考的基础上，结合地域、文化、设计灵感，以及建筑师的个人表达和对空间特质的思考，创造出一些优美的城市和建筑。使用基本设计工具的同时，我们也引入很多如模型方法、建构方法、表皮研究，以及空间和形态创作方法，使设计更有激情。

ID 在维思平的项目中，住宅占了很大比例，您觉得好住宅的标准是什么？

吴 要建造好住宅，首先要建造好城市，要有好配套。好住宅要在可步行的混合城市里，有良好的社区和邻里关系，且和自然关系融洽；方圆一公里内有购物、休息、养老、教育、医疗及工作场所和设施。

其次，一个好住宅应该是有生命的，伴随一家人或一个人的生命周期而更替，从出生、成长、青年、中年到老去，最后入土，然后再传给下一代；社区里应有幼儿园，有学校，有养老设施，有穷人，有富人，应是人类友好型的混合社区。如深圳金地梅陇镇，就是一个跟城市有良好衔接的社区环境，有很多灰色和公共活动空间及商业设施。再如杭州支付宝大厦，虽然是办公场所，但也有商业、金融活动场所及相应设施，有下沉广场，并跟城市友好对话。

对建筑本身，不管居住还是办公建筑，我们更强调被动式生态环保概念，如尽量提倡板楼，自然的通风采光，良好遮阳，我们反对在不需使用高科技时使用高科技，我们希望使用低技或平常科技创作出好房子，如百度北京研发总部、南京长发中心。这也是"平常建筑"理念的一部分。我们希望用同样原理来回应环境、社区、城市问题。

ID 到现在为止，您有过比较遗憾的项目吗？

吴 最大遗憾在于中国的建造工艺还处于较低水平，但我们也在不断学习。如何在现有建造状态下做好建筑，我们越来越有办法了，比如如何将廉价材料做得不显廉价，而是价廉而物美，低技而高效。

其实，一开始，我们是将欧洲的建筑标准全盘移到中国，但现在维思平已真正将先进思想及技术和中国土壤相结合，包括生态策略，工作方法，和客户的交流式设计，对当地技术的使用，以及对中国目前文化的理解，在我们的作品中应都有最有力的说明。

教学：激励后进

ID 您还有一些在大学教授设计的经历……

吴 我在香港中文大学作为教授，带了两个学期的研究生，然后去了建构教研室，原因在于和教研室里的顾大庆老师，Vito Bertin 老师对建构有共识；在南京大学作为客座教授带研究生设计课程，也因为跟南大当时的老师有共同语言，包括丁沃沃、张雷、朱竞翔等；目前也会在学校做些演讲，正式课程时间会少些，如果空下来，我还是愿意再做一些这样的工作。

ID 为什么还想再做这样一些工作呢？

吴 "if you want to learn something, teach it" 当你要去教的时候，会强迫你更系统地学习相关问题，这是我当助教时我的老师告诉我的，我跟我的老师说"我刚毕业，教的学生只比我低一年级，怎么办？"他说"你能教，因为你在这个位置，有这个工作，你就必须把它学会，学会了，你就可以教了"所以我相信这句话。

而且，在学校里有更多讨论，跟别人讨论的过程中，会激发很多新思考，使思想更锐利，设计得到更多磨练。另外，也希望自己所会能够有人了解。当然我还是比较喜欢师傅带徒弟的做法：独立思考很重要，但有个真正懂设计的老师，手把手教，是必然阶段。很多现代主义大师如密斯、赖特都有教学经历，我相信他们也有类似思考。最后，可能跟我的家族传统和个人情结也有关，从我爷爷开始，我的家族中很多人都有教师背景。

ID 您现在还有什么想要继续学习的呢？

吴 世界发展很快，特别是通讯工具对日常生活的影响，媒体及网络发展给我们提供了无限可能，工作和生活方式都在发生深刻改变，但相较来说，建筑的变化还非常少。如果我们想创造一个真正当代的生活环境，还有很多路要走。

我对城市化及建造一个美好城市一直有无限兴趣，希望所有人都能生活在我小时候那样的生活环境中。比如我们的一个设计，深圳"一户·百姓·万人家"幸福城，探讨未来新型社区或城市的可能性，中国目前的年轻人能够生活的中小型城市或城镇；还有我们如何在中

西安西门子信号工厂

国及其政府环境下，成为一个有用的协调人或资源整合者，如何使我们的组织更加严谨强大，更有行动力；我觉得从设计、技术、创意、组织层面上，都有无限多问题要去思考。

西方绘画对我影响很大，比如梵高或高更，在岛上所描绘的那些场景和优雅，这些艺术家的作品表现出来的对生活的热爱和美，都是无与伦比的，我们如果不把每一天过好，确实亏待了上天把我们创造出来。

ID 您对年轻建筑师有什么建议吗？

吴 建筑师比较特殊，不同于金融、医生或法律等职业，在日常工作中不需投入太多情感，而从事建筑需投入的情感太大，因为这份工作有广泛的社会性，会影响到很多人的生活，既需满足通常的使用或产品特性，又需满足人的情感、文化需求，好像必须有点神经质，有点激情或偏执，或为之疯狂的心灵才能做好。建筑师责任重大，除了理性逻辑和具象思考能力，所需的情感、精力、时间投入都太大，这可能是这个行业的一个基本特性。

中国经过了原始发展期，发展速度放缓，建筑行业会越来越规范公开，同时也会出现一些好建筑，我们在前十几年，主要做了些基础工作，建立了些系统，在未来，我相信能出现一些真正的好建筑，年轻人可以发挥更多作用。

某种程度上，建筑是一种哲学和宗教，就像相信教义能够改变人一样，应该相信你所创作的建筑能够改变人，如果年轻人要选择这个行业，真的要想清楚你在做一件什么事。当然，对于学生或年轻建筑师来讲，保持独立思考能力，凭个人努力使社会或世界变得更好，这样的信念或自由精神对建筑设计非常重要。永远不要去追随某个你不懂的潮流……对任何一个优秀的人，都得这样。**END**

黄山休宁双龙小学

大溪老茶厂
DAXI TEA FACTORY

撰　　文	曾志伟
摄　　影	Jetso Yu
资料提供	自然洋行建筑设计团队（DIVOOE ZEIN ARCHITECTS）

地　　点	中国台湾桃园大溪山区
基地面积	1 2000m²
设计单位	自然洋行建筑设计团队（DIVOOE ZEIN ARCHITECTS）
设计团队	曾志伟、陈莉薇、胡如燕、郭俊廷、陈嗣翰、李铭村、林凡榆
设计时间	2010年~2012年
竣工时间	2013年

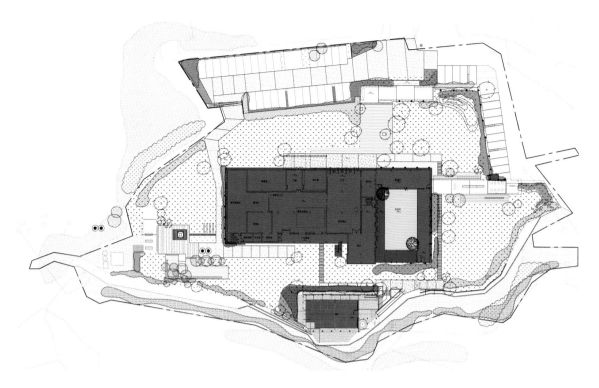

大溪老茶厂位于台湾大溪慈湖附近山上,是一栋砖造混合桧木屋架的茶叶制作工厂,兴建于日本侵略者统治时期(1895~1945年间),茶叶贸易外销量巨大的年代。1945年之后进行了第一次全面修缮及扩建工程,随着国际经济趋势起伏,茶叶贸易逐渐式微后,茶厂便废弃至今。

近四分之一个世纪后,直到2010年春天,修复及重生计划才得以开展。空间设定涵盖制茶、餐厅、门市、茶图书馆、茶屋、多媒体室等,转化为自然农法意识结合观光工厂的概念综合体。

在新旧之间修建历史性建筑,赋予空间新的思维是一门选择的考验。如攀附在墙体的树木和藤蔓窜根,是破坏结构防水的元凶,但同时她的荒美也是滋润心灵的自然导师,以缓慢而侵略之姿,活化着空间。

茶是一种安神的液体,入喉之后,流着深浅不一、琥珀色的欢愉。这个年代,此时此刻的饮茶氛围,并非古人雅致杯盘器物、兰花古琴,并非东洋的寂寥空灵境界,而以阳刚豪迈的饮茶状态设计空间。大量的茶具器皿,来自乡村的五金行、北欧的宜家风格,是城乡全民浅显易懂而能产生共鸣的日常当下饮茶情怀。

透过工厂矩阵元素和硕大空间的安排设计,显现一种矛盾的状态可能性,不寻常又极度日常的茶文化空间。END

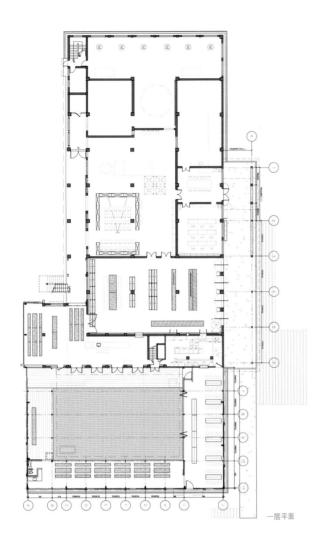

一层平面

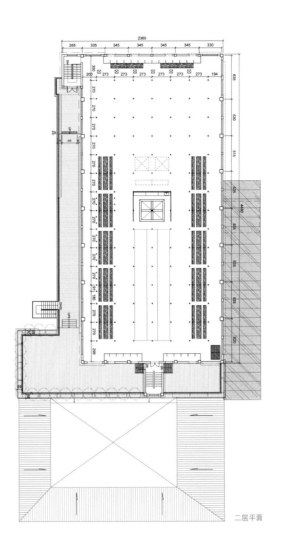

二层平面

1	3
2	4 5

1　平面图
2　茶屋中庭水景
3-4　茶屋品茗茶席空间
5　茶屋展售空间

1	4
2 3	5

1　门市展示销售空间
2-3　老茶厂的岁月痕迹
4　普洱茶砖墙
5　制茶萎凋区

|1|2|
|3|4|

1　制茶萎凋区
2　多媒体导览空间
3　多媒体导览空间利用农业温室纱网围塑
4　展演区

南京大学戊己庚楼改造
ARCHITECTURE STUDIO IN WUJIGENG BUILDING

| 摄　　影 | 姚力 |
| 资料提供 | 张雷联合建筑事务所 |

地　　点	江苏南京
面　　积	2 000m²
主创设计	戚威
设计团队	甲骨文空间设计/ 戚威，蒲伟，方运平
设计顾问	张雷
设计合作	张雷联合建筑事务所
设计时间	2013年
竣工时间	2013年

一层平面

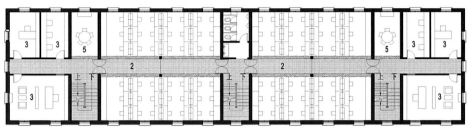

二层平面

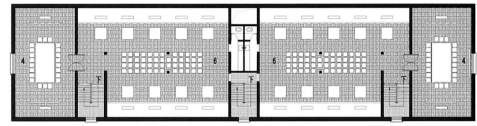

阁楼平面

1　前台
2　建筑工作室
3　办公空间
4　会议室
5　休息室
6　展厅
7　图书室

　　南京大学戊己庚楼建于 20 世纪初的 1930 年，作为金陵大学古建筑群的一部分，是国家文物保护单位。戊己庚楼是典型的民国建筑，在形式上采用了大屋顶中西结合，建造方式则为局部混凝土框架结构，隔墙采用木板条。设计拆除了部分木板条隔墙，将原有单元式的宿舍格局改造成空间较为开放的建筑设计工作室和研究室，建筑空间里所有具有时间记忆痕迹的元素都被精心地保留下来，新加入的部分被处理成匀质的背景，突出了建筑的历史感，形成了记忆的场所，新与老相互映衬，相得益彰。END

1 　 入口
2 　 平面图
3 　 休息区

1 会议室
2-3 工作室办公空间
4 楼梯

2Day 语言学校
2DAY LANGUAGES

| 撰　　文 | 银时 |
| 摄　　影 | David Rodríguez/Cualiti |

地　　点	西班牙瓦伦西亚
面　　积	183m²
设　　计	Masquespacio工作室（http://www.masquespacio.com）
设 计 师	Ana Milena Hernández Palacios
竣工时间	2013年6月

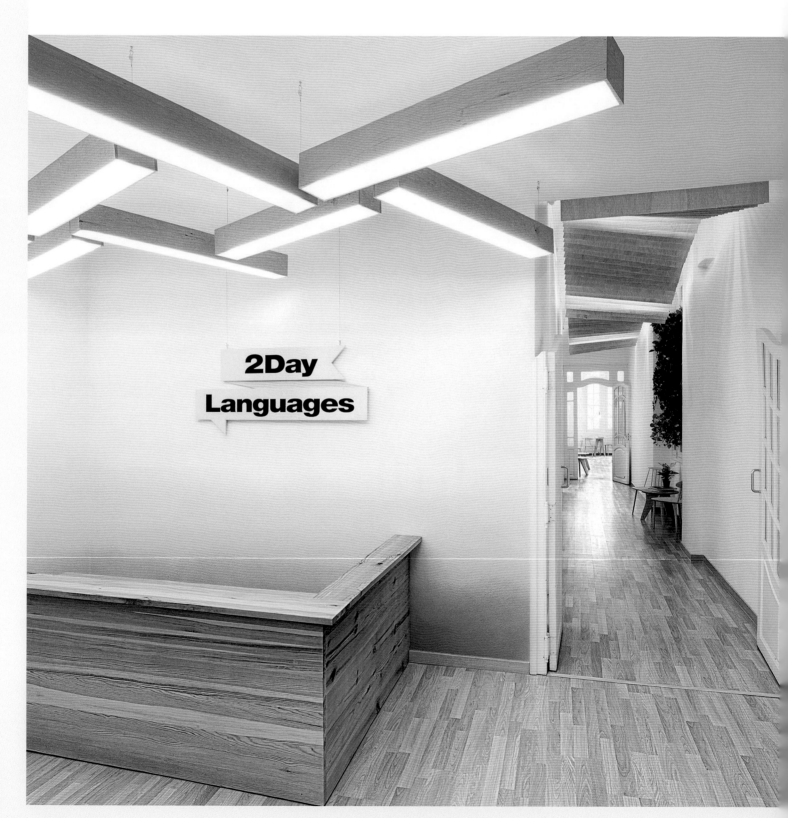

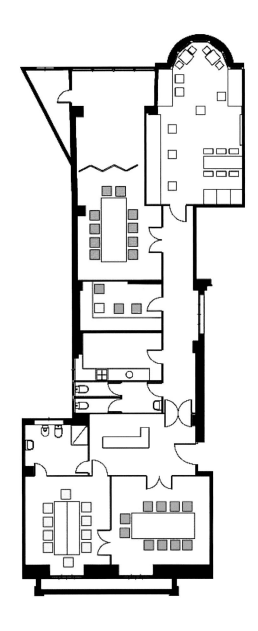

1 前台
2 平面图
3 休息区

2Day 语言学校位于西班牙瓦伦西亚城区中心，西班牙 Masquespacio 工作室富于匠心的空间和平面设计，为该项目打造出了个性鲜明的空间气质和企业形象。

整个项目的设计策略首先是基于表达这所语言学校特质的 logo——由旗帜和对话框形式呈现，代表着语言学习中的三个基本元素：水平（level）、目标（goal）以及对话（conversation），由此发展出一系列的造型元素来形成统一的企业形象。另一方面，设计也融合了瓦伦西亚作为一座历史悠久的古城所形成的新旧建筑交叠的独特气质，新古典主义建筑空间与 Masquespacio 的设计发挥在这个新的西班牙语学校中相得益彰。

整个项目 183m² 的空间中容纳了三个教室、一个教师办公室和休息室。所有教室和休息区都从解构 2Day 语言学校的 logo 中获取灵感并发展空间形象，同时也加入了西班牙语和传统瓦伦西亚建筑的元素。三间教室分别被涂以学校三种标识色蓝、黄、粉色中的一种，代表着"A"、"B"、"C"三个欧洲语言评级的级别。颜色渐变地涂绘在墙面上，暗示着语言学习的渐进性。造型独特的灯饰也是空间中的一大设计亮点，和条带状的墙壁装饰贴面一样，采用了由企业 logo 演变而来的连续几何图案。

Masquespacio 的创意总监 Ana Milena Hernández Palacios 谈到："学生和老师是教室中的主角，我们努力将对于空间的干预降到最低，力求在每一个角落保持新鲜感和愉悦感，同时也要在对现代装饰与优雅的新古典主义建筑的结合中保持平衡。我们选用了温暖的材质，如松木板，来释放出一种令人愉快的感觉，同时兼具功能元素，以使学校的操作更方便。我们在每个教室中放置了两张而非常见的一张桌子，以便使用者可以根据不同需求分离或集中摆放。我们还特意挑选了更加舒适并且便于堆放收纳的椅子。"

教室之外的休息区是不同级别的学生相遇交流的地方，在这里，各种标识色的级别的布置混杂交错起来，同样的布置也出现在前台和大厅。大厅中，装饰元素担当了更重要的角色，进一步强调了设计策略的出发点。Logo、标识色、西班牙语、瓦伦西亚建筑等元素被整合进装饰画、沙发靠垫、家具和墙面装饰中，更显著地和完整地突出了 2Day 语言学校的鲜明个性。 END

1 2	5 7
3 4	6 8

1-4 教室分别被涂以学校三种标识色蓝、黄、粉色中的一种，代表着欧洲语言评级的三个级别，颜色渐变地涂绘在墙面上，暗示着语言学习的渐进性；造型独特的灯饰也是空间中的一大设计亮点

5 与空间设计保持统一性的平面设计

6-7 Logo、标识色、西班牙语、瓦伦西亚建筑等元素被整合进装饰画、沙发靠垫、家具和墙面装饰中

8 大厅中新古典主义的建筑空间与充满现代设计趣味的装饰形成对比，带来丰富的空间体验

MM 别墅
MM HOUSE

撰　　文	银时
摄　　影	Fernando Guerra
资料提供	mk27工作室

地　　点	巴西圣保罗
面　　积	715m²（场地面积4 500m²）
设　　计	mk27工作室
设 计 师	Marcio Kogan,Maria Cristina Motta.
室内设计	studio mk27,Diana Radomysler
设计时间	2009年6月
竣工时间	2012年10月

mk27 是我们一直关注的一个巴西设计机构，他们的设计充满灵气，总是能在同样类型的项目中做出令人惊艳的新意，这令他们在巴西乃至国际设计行业中都赢得了认可和赞誉。

MM 别墅是 mk27 的住宅设计新项目。跟日本的情形差不多，小住宅设计也是巴西设计界的"特色项目"，而这也正是 mk27 的长项。mk27 设计的住宅，往往能恰到好处地把建筑形体、结构布局与场地环境结合起来，MM 别墅同样延续了这一优良传统。

MM 别墅位于山清水秀的巴西圣保罗的 Braganca paulista 地区，这里是一处自然环境优美、林木茂密、水系发达的区域。整座别墅由两组互相垂直的矩形体块组合而成。在东西向的轴线上是半地下的钢筋混凝土建筑壳体，它从住宅中延展而出，又与缓坡紧密融合，仿佛是从草地上生长出来的。

南北向轴线上则是别墅主体，铺满植被的绿色屋顶与背后的山地景色融为一体。一系列可开阖的木板格栅包裹着整个外立面玻璃幕墙，闭合或半闭合时可以遮挡太阳光直射，拉开时则可以使室内外空间形成交流。类似的遮阳处理方法在热带地区的建筑中比较常见，在此处的大尺度运用，既有功能上的作用，也凸显出设计的本土特质。从一端的车库和入口到另一端的主卧套房，室内所有功能空间都以线性的方式布置。所有私密的卧室都沿东立面布置，面朝风景优美的山谷，管家宿舍和公共区域则沿另一侧布置，中间由一条走廊隔开。

混凝土建筑与户外木平台相互垂直，它们的交界处形成了一个室内外属性模糊的公共活动空间，在这里，人们可以在屋顶的遮蔽下烤肉、喝酒或休息，免受热带烈日的暴晒；而这里又完全向室外开放，在隔热的同时保持了通风和视线的通透。公共起居室和电视房位于这个模糊空间的侧面，巨大的玻璃门在空间上将两个房间分离，却在视觉上将它们联系在一起。户外木平台向着地势低洼处伸展出去，尽头是一个带混凝土基座的游泳池，宛如镜面般倒映着周围如画的风景。 END

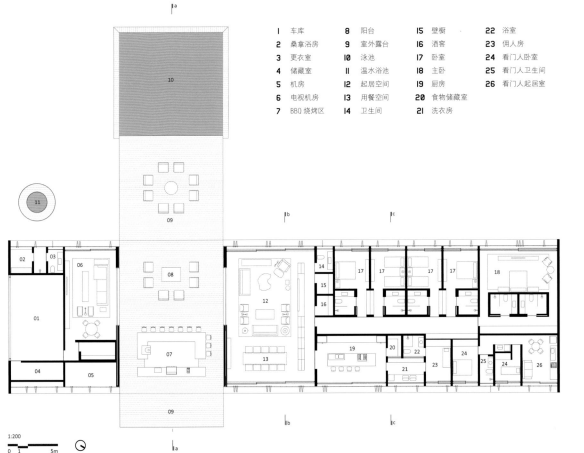

1	车库	8	阳台	15	壁橱	22	浴室
2	桑拿浴房	9	室外露台	16	酒窖	23	佣人房
3	更衣室	10	泳池	17	卧室	24	看门人卧室
4	储藏室	11	温水浴池	18	主卧	25	看门人卫生间
5	机房	12	起居空间	19	厨房	26	看门人起居室
6	电视机房	13	用餐空间	20	食物储藏室		
7	BBQ 烧烤区	14	卫生间	21	洗衣房		

1:200
0 1   5m

1	3
2	4

1 平面图
2 建筑与场地自然景观的和谐
3 带混凝土基座的游泳池宛如镜面般倒
   映着周围如画的风景
4 车库布置得犹如展览空间

1	2	3
4		5
		6 7

1-2 一系列可开阖的木板格栅包裹着整个外立面玻璃幕墙，闭合或半闭
合时可以遮挡太阳光直射，拉开时则可以使室内外空间形成交流

3 剖面图

4-7 混凝土建筑与户外木平台相互垂直，它们的交界处形成了一个室内外
属性模糊的公关活动空间

1	3
2	4
	5
	6

1-2 开阔的起居空间
3-6 光与影

混凝土住宅
CONCRETE HOUSES

撰　　文	藤井树
摄　　影	Sebastian Zachariah
资料提供	Architecture Brio

地　　点	印度孟买Alibag镇
面　　积	300m²
设　　计	Architecture BRIO, Robert Verrijt + Shefali Balwani
结构设计	Vijay K. Patil & Associates
竣工时间	2013年9月

Architecture BRIO 在奔流的小溪上建造了这栋雕塑般的混凝土私人住宅，房子由两部分组成，主卧和房子的主要部分，包括厨房、餐饮室、起居室及客房分开，各自安排在溪流两边，以一桥相连。

结构开合有度，该住宅以明亮高敞的开放式厨房为中心，客厅和两间卧室分布于"肢翼"，悬挑在水上。建筑师意欲给每个空间一种自治权，同时，战略性地布置窗户，以有利于视线流动，树木则长于间隙。起居室和所有卧室的门皆有特色，可滑拉或折叠，使这些空间可向室外露台开放，让居住者跟周边自然联系更加紧密。

混凝土暴露于潮湿的印第安气候中，因年久而产生铜锈，而随着时间流逝，逐渐变得日益丰富和充满生气。灰色纹路的外墙表面更是如此，让住宅更柔和地融入了充满生气的绿色环境中。优雅简洁的木料幕帘，则进一步弱化了混凝土的灰色感。它们不仅形成了一种室内和室外之间的缓冲器，同时创造了一种地板和墙上的光影游戏。

"就像一个有机生物体，尝试最大化利用它的资源和周边，房子及其几个肢翼，延伸至景观中，最大化利用了场地的景观，戏剧化了一个特殊的时刻，一棵漂亮的树，远处的山景，以及在季风降雨中，流注的河流。"建筑师说。溪水的丰盈和干涸、树木的葱茏和凋敝，这些自然的变化给住户带来了更丰富的体验。END

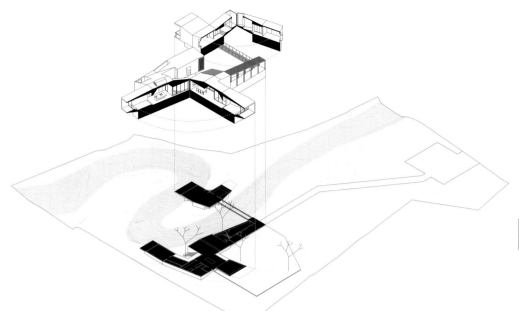

	4
1	
2	5
3	

1　轴测图
2　住宅的两个部分各自安排在溪流两边，以一桥相连
　　窗户的布置，有利于视线流动
3-5　房子延伸至景观中，最大化利用了场地

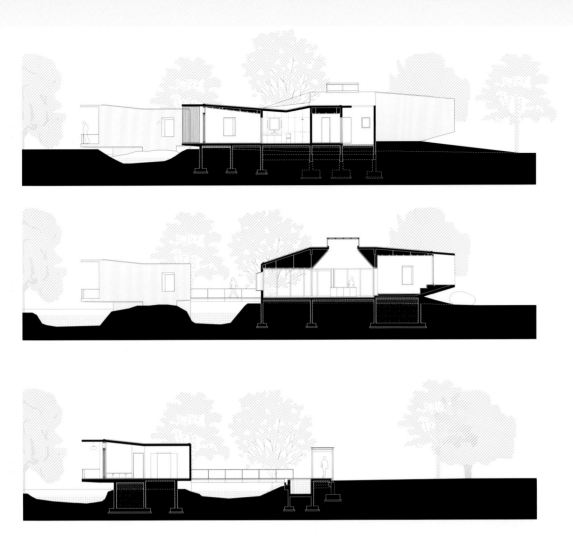

1　剖面图

2-5　门窗的开放式设计，使居住者与周边
　　　自然联系更加紧密

1	3	4
2	5	

1　起居室
2　卧室
3-4　卫生间
5　卧室

Pedroso 住宅
PEDROSO HOUSE

撰　　文	藤井树
摄　　影	Gustavo Sosa Pinilla
资料提供	BAK arquitectos architecture studio

地　　点	阿根廷布宜诺斯艾利斯省Villa Gesell村Mar Azul
占地面积	333m²
建筑面积	95m²
设　　计	BAK arquitectos architecture studio
设计团队	María Victoria Besonias, Luciano Kruk
协　　助	Diorella Fortunati
竣工时间	2012年

1-2 建筑外观
3 平面图

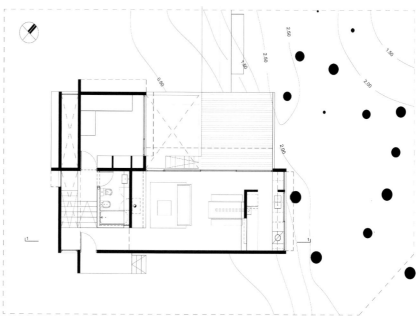

私人小型住宅 Pedroso 位于阿根廷布宜诺斯艾利斯省郊外的茂盛松林之间，住宅场地最高点和最低点高度相差有 2.5m。业主是一对夫妇及一个年长的孩子，他们希望住宅面积不超过 100m²，有两间卧室，两个最小尺寸的浴室，以及一个包含了厨房的大厅，住宅主要用于夏天，偶尔在其他时间居住。

住宅独一无二的特性来自场地本身特质。地貌，周边树木的数量、质量和方位就已限定了问题焦点及相应解决方案。首先是住宅的摆放位置，以及让入口处临近道路，保证了森林的完整性不受侵犯；二是提升与道路相连的入口及大厅空间的高度，满足住宅对私密性的需求，以及创造与场地最高点的连接。

所有与地面有所连接的房间，在不同高度，都可通过甲板平台延伸

到外部，并通过混凝土外部楼梯，彼此连接，分置于上下的主次卧，则可通过内部楼梯连接。

住宅处于美丽的森林景观中，设计师认为对自然环境的保护是不可避免要考虑的问题，建筑应融入景观，变成鸟窝或洞穴，寻求成为既有环境的一部分，并恢复对不同可用资源的理性使用，在材料和形式方面都尽可能用最少的资源，所以，裸露混凝土、玻璃及金属是其基本材料，玻璃和混凝土被用作外表皮的两种材料，使住宅与景观融为一体，使住宅在形式、结构、维护的问题上都有了一个答案。石板铺就的屋顶被墙体及裸露混凝土反梁所支撑，最小的斜坡度，却产生较快的雨水流速。户外甲板由梁构件及松木板组成，直通松林。除了大号床、扶手椅及椅子，其他陈设也大都是现场浇筑的建造物。END

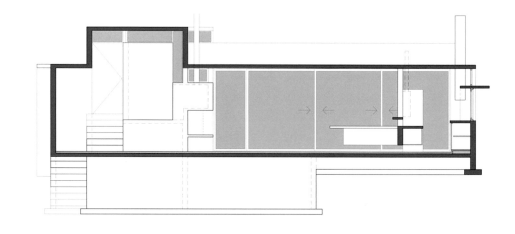

广富林遗址公园城市咖啡
GUANG FU LIN CITY CAFE

撰　文	俞挺
摄　影	胡义杰

地　点	上海松江区广富林遗址公园
面　积	23m²
设　计	俞挺、李想、乔宏、刘欢
软装顾问	闵而尼
设计时间	2014年4月
竣工时间	2014年4月

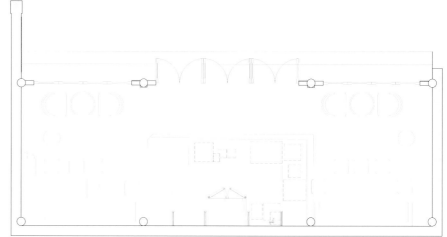

1 咖啡馆店面
2 从西边入口看咖啡馆
3 平面图

业主在经过定位考量后，决定在广富林遗址公园里的一处移建的古建筑中开设一家连锁咖啡——城市咖啡，但对现状不做大的改动。业主希望这将是个温暖的去处，游客坐一会，发一会呆，喝一杯温暖的咖啡。但只有一周的时间给我设计，然后20天内施工完毕。他们希望这个袖珍的咖啡馆能够在"五一"小长假期间对外开放。

咖啡馆选址在公园一间北向的披屋，虽然是人流汇集的要冲，但毕竟是阴面，这温暖的阳光只在阶前，不在屋内。披屋三个开间，根据一个标准咖啡吧台的紧凑配置，也要占去一个开间。左右两个开间只能放下20多个椅子。如此小的空间，我决定简单些，只用色彩和触觉做设计。

在软装顾问的建议下，我选择蚕丝灯作为装饰主题。我亲自设计了形体和色彩组合，我把咖啡馆的顶棚和侧墙屋架上方全部涂黑，让一组组蚕丝灯有如彩云突出地漂浮在屋架间，成为整个咖啡馆在内和在外的视觉焦点。

触觉其实是一种回忆。在工业化制品的时代，触觉总是那么光滑，以至于无法附着任何回忆。我选择不同质地的木材，布料和皮革作为屋架之下的室内和家具的装饰面材，不同质地的触觉所触发的不同的历史感，全部作为了回忆，在广富林城市咖啡中，被抽象成纯粹的物质界面，包裹住这现世的人们，轻轻地塞在一个被整理一新的历史遗存中。

不过还缺点什么，我看了看咖啡馆苍白简陋的玻璃，对！就是它。在我的要求下，建筑立面的花窗换上了黄色的艺术玻璃。玻璃起伏有如波浪的表面，让这个暖黄的光线在室内显得总是那么懒洋洋，懒洋洋的，这就对了，关上门，里面看外面，隐隐约约的；外面看里面，影影绰绰的。这样，咖啡馆被精细地涂满了柔和模糊的光色，在这个油画的调子中，弥漫咖啡的香味，慵懒的音乐和不太清晰的人生回忆。人们的喜怒哀乐，小小的欲望以及那么一点儿的灵魂都被碾平在这里，没有过去，现在和将来。举手触碰的是那些物质化的界面，它会诱发人们仍在当下的那丝悸动。踩在咖啡馆的架空地板上，仿佛踩在薄脆的记忆上，小心翼翼。黑色屋盖下，彩云如繁花，我们失去当下的认知，又恍惚间仿佛面对一个过去的时刻，只有浓郁的咖啡提醒我们，还在这里。人生如此，多欢愉。

开张前2天，一个老阿姨迈进现场，感慨道"个只小卖部老崭个，了上海滩肯定是最灵咯。"我哑然失笑了，这个镶嵌在遗址公园中的小小咖啡，面对目前主要是老年人为主的游客，它的确是个能够温暖人心的小卖部。开张前一天，在我的要求下，咖啡馆铺满了植物，仿佛一个念想。

5月1日，我被告知，销售额突破预期。

5月4日，我看了摄影师的样片，夜色苍穹下，那光亮的城市咖啡就是孤冷现实中的一处温暖的孤岛。■END

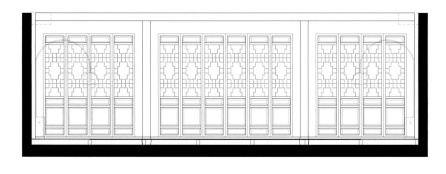

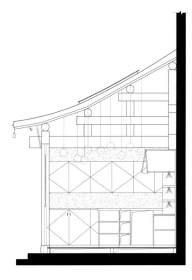

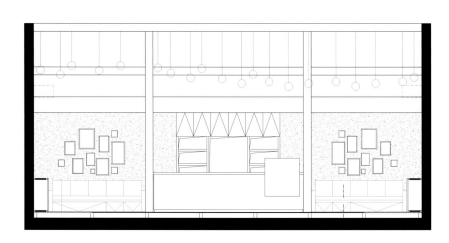

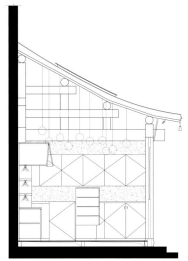

1	4 5		1	立面图
2			2	咖啡馆前场
3	6		3	咖啡馆东边小巷子
			4	气泡挂灯
			5	窗边的座椅
			6	室内温暖如斯

1 2	5 6
3 4	7

1 灯与椅
2 灯与室内
3 一座
4 桌上的绿意
5 精心挑选的桌子保留了自然的原状
6 各处不同的座椅
7 黄色云纹玻璃·灯与木

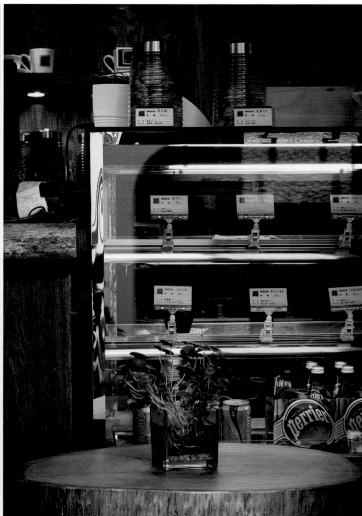

印象村野
G-CLUB

撰 文	八路
摄 影	金啸文

项目名称	金元宝食尚汇
地 点	南京市万达广场内
设计单位	名谷设计机构
设 计 师	潘冉
面 积	580m²
主要材料	水磨石、砖块、人造藤片
竣工时间	2014年3月

位于万达广场的"金元宝食尚汇"餐厅以地道的淮扬菜品为主打。对于长江下游的扬州至淮安以及周边地区居民而言,"淮扬菜"并非大部分国人理解的以刀工和用料复杂繁冗高高在上的四大菜系之一。在川菜湘菜等重口味横行的今天,那是一种家乡的味道。设计师以淮扬大地的现实面貌与百姓生活状态为切入点,携带着淡淡的怀旧情节,似乎童年的回忆一刹那间被唤醒。"印象村野"成为了表达餐厅设计的主题,远山、轻风、白云涌动,一片竹篱分割的菜园草地,儿时的竹蜻蜓,貌似是送给了隔壁玩伴?这些活态元素都被抽象化处理成餐厅内的静态造型,等待食客的亲身体验。

由蛋形编织体划分出的门厅空间进入,映入眼帘的是门厅背景处被缩影处理的叠加景象,透过一个椭圆的取景框将"远山"呈现出来,食客在第一时间感受到身处在"自然"之中,正面是接待台,两侧设置进入就餐区的入口,如此,设计师以

一种开门见山的方式在蛋形编织体内实现了形象定位、功能设置和交通分流。不足 600m² 的空间内要满足 200 人同时就餐任务,是设计的基础课题,参照现代生活小规模聚餐习惯,就餐单元设计以四至六人为主,长方形餐桌必要时可以灵活搭配。与此同时,三处"巢穴状"半隔断空间以满足淮扬菜系的中国式就餐习惯,以圆桌的方式呈现。乍见平面布局,有种壁珠落玉盘的偶发性,那几处"巢穴"也像晒场上的南瓜随意滚落,原本稍显局促的空间被悄悄推启延展开来,同时平面布局和空间组织的不确定性,产生了让人渴望探索的趣味感,新颖的就餐体验也随之而来。而看似见缝插针的餐位布局方式,实则为了节约交通动线带来的空间占有率,"自由"是空间主题,不但体现在平面上也体现三维空间上。自由曲线的吊顶形式便是苍茫大地上一片涌动的白云,引领着空间内的各种形态走向,灯光的设置,桌椅的布局,形成了一条隐轴,一条无状之

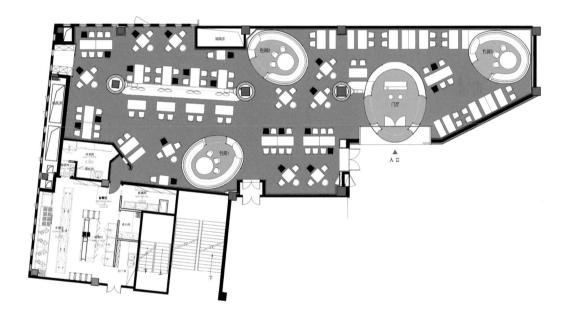

1 空间细部
2 平面图
3 入口门厅

状的线索将看似散落的各种部件，细致的穿连起来，彼此间看似分散随意，却是牵拉着万有引力。

有人说，人生就象一趟列车，我们都坐在中间的车厢，往前走是未来，往后走是过往。 一个位子坐久了就总想走动，于是有的人畅想未来，有的人回忆过去。很享受这里的氛围，乡野却不粗野，怀旧却不感伤。设计师没有用所谓"原生态"粗野材质，用来植入乡村感的触感体验。而是选择了将现实中的具像转化为表现上的抽象形体，抽丝剥茧层层蜕变，由抽象思维转变为现实体验，再回到抽象中去。利用精确的表现手法，推敲出一种透着轻松气息的精工细作的潮流感。对于乡野的回忆和向往，被浓缩成一些介乎于抽象形象之间为大众能广泛理解的形态。功能紧凑，层次丰富，艺术流动。墙面上的远山淡淡地映现，整体浇筑的水磨石地面宁静光洁，映着自家门前的一湾江面，垂直的异型螺旋状灯柱那是大堤上旋过的风，随着顶面流云奔走。记忆的现实重组，像叙述一个儿时故事般的叙述空间，把记忆影像转变为体验动线，自己则又成了那个意气风发的少年，放学路上，一路吆喝，呼朋引伴。欢笑玩乐，爬树比赛，不远处的小树林里还有几处秘密"巢穴"，每个少年都有"身兼家国使命"必须要完成的任务。携着回忆的力量，带着感动出发，一些美好，也许回头就看得到，也许前方不远处有更多领悟在等待。 END

| 1 | 3 |
| 2 | 4 |

1 零点区
2 包间
3 零点区
4 卡座

福和慧健康素食餐厅
FU HE HUI VEGETARIAN RESTAURANT

撰　　文	吴永长
资料提供	吕永中设计事务所

地　　点	上海市长宁区愚园路1037号
面　　积	750m²
设计公司	吕永中设计事务所
主创设计	吕永中
主要材料	黑色大理石，黑色地砖，涂料，织物，
	胡桃木饰面，UV印刷夹膜玻璃等
设计时间	2013年1月
竣工时间	2013年8月

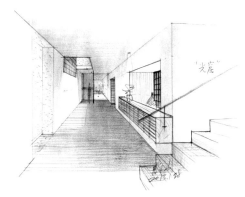

项目位于上海愚园路风貌保护区，周边都是尺度相对要小的住宅街区。餐厅处于一座办公楼的裙房内，建筑与道路之间由一个小院子相连，两侧也是一些定位较为高端的餐厅。受到场地条件和内部结构的制约，餐厅设计需要解决两个方面的问题：如何合理利用好面积不算大大的空间，并用现代设计的语言来表达高端素食的主题，营造恰如其分的餐饮空间感受。

从街道上看，餐厅的外立面通过精心控制的窗洞、背后的灯光配以外凸的隔板，在一小片竹林的掩衬之下若隐若现。对室内而言，这些位置和尺寸都经过设计的窗户也成为向外观赏竹林院落和梧桐街区的取景框。穿过院子可以看见主入口背后的人行通廊，作为室外通往餐厅的过渡空间，它依次连接了疏散楼梯、前台、客用电梯和端头一层餐饮区的大门。幽静的通廊传达出静逸深远的第一印象，而它与东侧餐饮区之间的少许半透隔断，为客人在步行的过程中创造出引人入胜的空间感受。从整体空间布局上，通廊将餐厅清晰地划分为服务空间（东侧的餐饮区域）和公共空间（西侧的走道、垂直交通空间、卫生间等）这两个主体部分，通过穿插、交叠而衍生出大小各异的厅廊，使餐厅布局上更为合理的同时，丰富了空间的

尺度感和多样性。

如果说平面是展示了空间在功能上组织的逻辑性，那么剖面则传递出更多空间设计的情感体验。透过纵向的观察，不难发现除了电梯和疏散楼梯等垂直空间外，餐厅的南北中心区域设置了一道与通廊交错贯穿的天井，配以变化丰富的木格栅作为背景，天井从视觉上将一、二、三层联系成一个整体。室内每层的顶面和立面以白色为基调，采用适当的镂空图案让空间界面在宁静和丰富之间达到一种平衡。天光自上而下，明暗变化的气韵在各层空间中轻轻萦绕，塑造出一种柔和的韵律感，也给人更多的想象空间。

曾有哲人说过，空间是可以驻留休憩的，它因限定而生，限定的不是空间的边界而是万物生长、情感交融的场所。素餐厅是空间承载了更多的书院气息，仿佛静心养性、吐故纳新的休憩地方，在这里品用素食，更像是人们在现代都市生活中身心处于繁重、束缚之下的一种释然的自然状态，一种回归本真的轻盈和闲适。餐厅的一层餐饮区是相对高大而开阔的空间，布置有可供十多人同时使用的大型开放式餐桌，如同一个端庄正气的厅堂；二层散座餐饮区内采用了实木的隔断和栅板，使空间在自由而开放的同时，营造出更多的书香气韵；三

层以原有柱网为轴线，靠窗的两侧采用独立的小包间的形式，并通过一个回廊进行串联。利用轻纱般质感的半透玻璃隔断与实木柜体隔墙、推门之间的对比，让每个小空间都呈现出明暗交叠、若即若离的悠远和空灵。

轻松安静的休憩，不仅仅为了平衡城市生活的繁重和浮躁，更是整个生活的真实存在的一部分。基于这样的设计理念，素餐厅没有显性的标示、没有清规戒律般的局限，"素"的状态是更多的包容，是对"多"与"繁"的理性制约和收敛。这一点尤其体现在空间灯光的处理上，通过严格控制人工照明的方式和数量，在有限的部位恰到好处地设置点光源，让人工光和自然光在不同的时段相互交融，创造出静逸和轻盈感，也维持了室内白色顶面的完整性。与之形成对比的是地面的处理方式：看似如同

青砖交错的地面实际是采用了现代同质砖，经过切片后纵列码砌的方法，兼顾了地面实际耐磨防滑的功能要求和传统青砖地面的真实质感。这一系列处理手法和工艺细节，体现出来的是一种追求极致的设计态度。餐厅空间无论是整体意境的营造还是节点方式取舍上，都表达了设计师对素食独到的理解："素"体现在慎密的梳理、细致的取舍、悉心的演绎。"素"空间更多了对人的感受和内心的尊重以及对人与人之间交流的关注。

客人行至于此，三五知己畅叙幽情，灯火阑珊品尝美食，涉园寻趣怡然自得。体验青黛地面的厚重、白素墙壁的空灵、实木格栅的温暖，半透隔断的轻盈，在对比和融合中相映成趣，唤起了几分被遗忘的书院氛围和自然禅宗气息。END

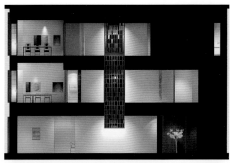

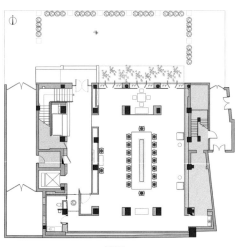
一层平面

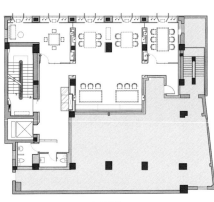
二层平面

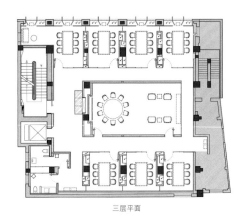
三层平面

1 剖面图
2 贯穿三层的天井
3 平面图
4 一楼贵宾包房书院廊
5 细部
6 三楼走廊
7 书香包间
8 二楼散座中庭

麻辣诱惑江桥万达店
SPICE SPIRIT RESTAURANT

| 撰　文 | 姚远 |
| 摄　影 | Ivan Chuang |

地　点	上海江桥万达
面　积	778m²
设　计	OFA飞形
竣工时间	2012年1月

　　"舌尖上的中国"系列纪录片让人们如同考古发现一般意识到中国传统美食的美好,与此同时,更进而意识到,沿袭美食习俗的烹饪、进食的空间仪式感,造就了今天美食诞生的历程。这些恰恰是当下的室内设计师关注的话题。当以台湾设计师耿治国为主创的设计团队 OFA 飞形,首次与北京知名川菜品牌"麻辣诱惑"沟通时,他们敏锐地发现,这个餐饮品牌"南下"所面临的问题并不只在辣味程度的调整,而是南北两地对待饮食的美学空间判断上。

　　一场定义为"麻辣旋身"的设计项目就此拉开序幕。OFA 飞形跳脱出餐饮空间只注重功能性的思维桎梏,结合麻辣诱惑"不只是一家川菜店"的品牌升级定位,从品牌深层次上挖掘"麻辣"在口味与感受上的双义性。

　　在设计上,从麻辣诱惑的品牌 Logo——既是火红的辣椒;又是迷人的曲线——撷取 S 形线条作为江桥万达店的核心创意基调,运用在店铺空间的地面、墙体以及顶棚的线条设计上。另外,用回形环将空间划分成不同的区域,每个回形环用缤纷的色彩涂抹成舞台效果般的聚集效果,兼顾了私密与仪式的双重功能。S 形的线条缠绕在空间的各个角度,如同人与人之间在公共场合的交往仪式,相互试探又相互吸引,向心又离心的心理效应。

　　将一家传统川菜饮食店升华成一座拥有无限美食与交互空间可能的舞台,在此,除了色调与空间切割的方式外,材质上使用了黑镜、镜面、烤漆玻璃、镜面不锈钢以及漆面等各种制造"幻影"效果的材质。"将我们带入对于周围更为敏锐的感受中",设计师耿治国的描述恰恰是这些材质所能带给人们的感官体验,配合餐饮中来自鲜椒的辣与花椒的麻,召唤出美食的"诱惑"气息。

　　整个项目的设计,设计师也身兼品牌升级定位的策划,完善一系列的细节来适应上海这座城市独特而挑剔的心理预期。毕竟,对于吃这回事儿而言,辣体验全身心的美食诱惑远远胜过单纯唇齿间的麻辣。 END

1-2　着重麻辣文化形象的视觉设计
3-4　舞台般效果的圆形环
　5　注重饮食空间的私密性

北京 (Re)Mix 酒吧
(RE)MIX CLUB BEIJING

资料提供	Dariel Studio
地　　点	北京市朝阳区
面　　积	1 500m²
设　　计	Dariel Studio
设 计 师	Thomas Dariel
竣工时间	2013年9月

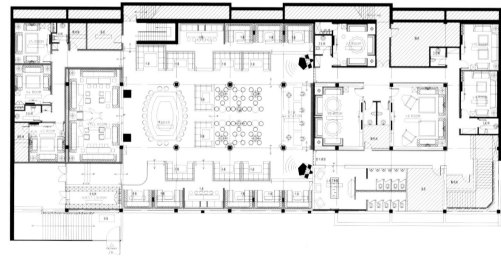

1

2

3

1 木质护墙板和法式线型贯穿整个空间

2 粗旷的壁饰与华丽的灯具形成反差

3 平面图

位于北京工体的夜店 Mix 已毋庸赘言介绍了，当年 Hip-Hop 风席卷京城时，Mix 迅速在夜店爱好者中走红成为北京城中独领风骚的派对场子，且是国内外知名 Hip-Hop DJ 表演的必到之地。Dariel Studio 受邀为这家当地最红的夜店 Mix 进行改造设计，首先完成的是圈内人熟知的位于其地下的 (Re) Mix。

如其名，夜店里总是充斥着形形色色的各种人，当然以年轻时尚人群居多。业主希望通过将 (Re) Mix 打造成一个与 Mix 略有区别的，更为成熟、精致的环境，除延续 Mix 引爆全场的 Hip-Hop 气氛，能吸引更多年龄层次更大点的客人以招徕生意。

托马斯·达伦（Thomas Dariel）用设计对此做出了解答，在保留传统夜店的基本功能空间——舞台、吧台、开放式和半开放式卡座、贵宾室外，同时创造了可以轻松喝一杯而无需与派对动物混在一起的氛围。

此次设计由三种不同的风格来混合定义：法式，Hip-Hop 风以及媚俗的夜店文化。这三种文化及其各代表的元素经过设计师的糅合互相交融成为一个成熟而特有的设计风格。例如，贯穿于整个空间的木质护墙板和法式线型都来源于最常见的法国室内元素，而将大量的各种钻石、瓶罐、耳机、家庭成员等与 Hip-Hop 和酒吧文化有关的元素与法式经典的设计手法相结合产生了微妙的化学作用。

在贵宾区，设计师为中国夜店里常见的包房注入了新的内涵。为了更适合年长一些的客人，设计师为这群可能具有丰富阅历的人群打造了不同风格的包房，灵感来源于非洲、日本和意大利的元素将这些空间装点得更为精致，搭配上特别设计的壁纸和定制瓷砖，足以使人眼前一亮。

设计师托马斯·达伦（Thomas Dariel）向来热衷于用大胆的、现代的设计夺人眼球，颠覆一成不变。在舞台周围区域大面积运用跳跃的纯玫红和亮黄色块与闪亮的中央吧台形成强烈对比，这种典型的手法比比皆是。

惊喜是必不可少的，且需贯穿始终，包括厕所。夜店的厕所总给人一种昏暗的感觉，但这次设计师希望将人置于明亮灿烂的蓝天下，给人一种从夜店模式切换到逃离京城雾霾的自然环境中的强烈反差感。 END

1	4 5
2 3	6

1　色彩浓烈的开放、半开放卡座，刻画出酒吧"HIGH"的一面
2-3　不同风格的贵宾区，给不同年龄层次的客人更适宜的体验
4-5　打破常规，洗手间的蓝天白云
6　流光溢彩的吧台

ARKHE 美容美发沙龙
ARKHE BEAUTY SALON

撰　文	银时
摄　影	atsushi ishida
地　点	日本千叶
面　积	120m²
建筑面积	95m²
设　计	Moriyuki Ochiai建筑师事务所
竣工时间	2011年

1 从洗发区看向理发区
2 洗发区
3 平面图
4 从外部看美发沙龙

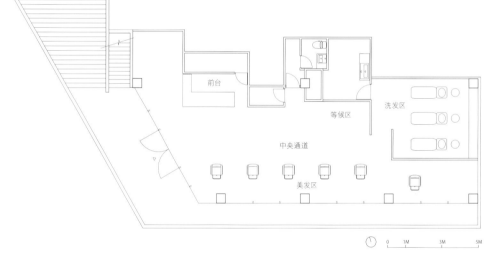

前台

等候区

洗发区

中央通道

美发区

0   1M   3M   5M

Moriyuki Ochiai 出生于 1973 年，是日本设计界近年来颇受瞩目的一位青年设计师。他在 2008 年创办了 Moriyuki Ochiai 建筑师事务所，以其富于变化和生机的设计，在日本本土和海外屡次获颁各种设计奖项。位于日本千叶的 ARKHE 美容美发沙龙是其在 2011 年完成的一个作品，规模不大，但也意趣十足。

"ARKHE" 是指一种古代信仰，信奉水为创造化生万物的起源。对于美容美发店而言，水更是不可或缺。基于此，整个设计便以"水"为主题展开。

原生态的物料所独具的魅力妆点着整个空间，特别是铝材的运用完全呈现出了材料本身的美感。轻薄卷曲的铝材打造出了雕塑般的吊顶，在变幻的灯光的作用下，铝材表皮反射出微光，仿佛是水面上的波光粼粼，也象征着如水般流光倾泻的秀发，展现出一种优雅感性的曲线美。

铝制吊顶以一种自由流动的姿态铺散在顶棚上，同时也为不同区域提供与之相适应的功能和氛围。美发区顶棚略高，铝材线条也较为柔和；中央通道区的吊顶高低错落，线条则偏硬朗；而等候区的顶棚则更低些。

顶棚的独特设计使得人们可以在一天之中明显地感受到光线的变化——白天空间是明亮的白色，到了夜晚，空间的色调渐渐变为蓝色与紫色。随着时间流逝和观察者所处位置的不同，多变的空间体验随之产生。

设计在可持续方面也有着深入的考虑。这些铝顶棚可以方便地拆卸成一个个组件，并重新安装到其他地方。一旦沙龙有搬迁之类的需要，这种设计可能有效地节约成本。END

1　洗发区
2-3　顶棚细部
4　空间有着仪式感般的氛围

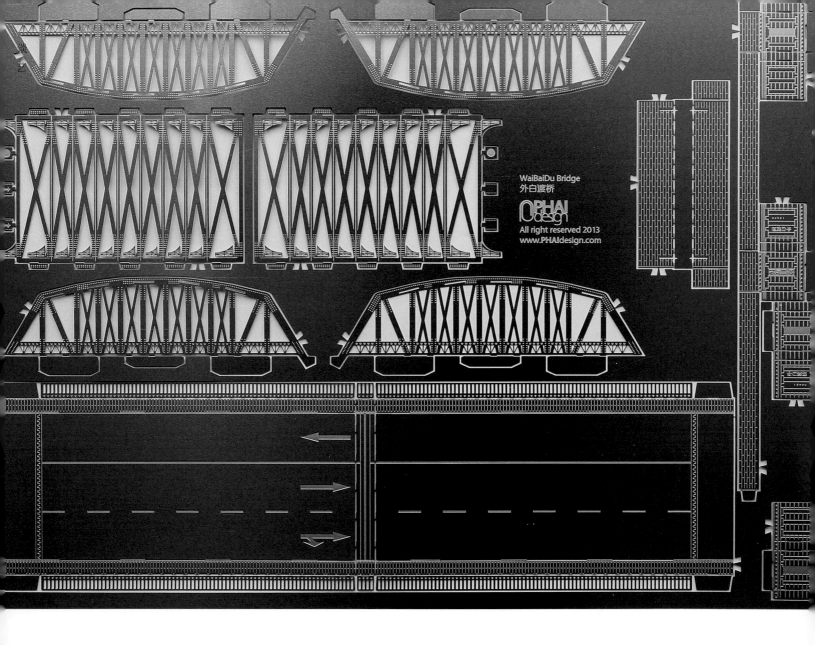

PHAI design, 接地气的设计

| 撰　　文 | 小满 |
| 资料提供 | PHAI design |

　　知道 PHAI design 和它的创办人杨威杰，是从一件趣致小物开始。"Mini Shanghai（迷你上海—金属微缩模型）"，将一组在上海可以说是家喻户晓、更在近现代历史上扮演过重要角色的建筑和景观，富于开创性地运用金属蚀刻片的形式，将它们还原成微缩模型。这一套模型的系列一包含"外白渡桥"，"外滩汇丰银行大楼"，"石库门"和"南市发电厂"，平板的金属蚀刻片，经过简单折叠，便能变身为一个立体的建筑景观模型。

　　对于上海人而言，自己动手组装的过程，或许也是重温许多旧日时光的过程；而对来自他乡的游客来说，组装模型的过程则是创造与这些独具海派风情的建筑的情感联系的过程。亲手完成的模型，或许还会勾起使用者对这些建筑的好奇，从而探寻藏在这些建筑背后的那

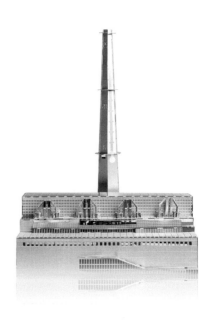

些悲欢离合、惊天动地，那就是另外的惊喜了。

　　这样一个融合了巧思和对上海这座城市深厚情感的设计，出自"80 后"的上海本地设计师杨威杰之手。他如是解释自己的灵感来源："上海是一座独特的城市，在中国近现代化的过程中扮演了极为重要的角色，自开埠以来，留下了无数傲人的历史建筑与景观，作为一个土生土长的上海人，我对这些建筑充满着内心的骄傲和切身的感情，用一套别致的模型来纪念这座哺育我的城市变成了项目的初衷。"看似简单的模型，其实在设计制作过程中，需要经过多次节点调整才能成功。用这样一种方式，杨威杰希望带给人们一种更为真实的感受上海的体验，并唤起现代都市人久违的做手工的愉悦感。

　　在这个许许多多设计师还是奉"洋气"为作品优劣标准的时代，这样一个简单却又如此

"接地气"的设计其实蛮可贵的。毕业于同济大学工业设计专业的杨威杰是被各种"洋气"深切熏陶过的，他在意大利 Domus 艺术学院拿到产品设计硕士学位，又在欧洲多国学习工作，但在走访调研意大利多家著名设计品牌之后，转而更意识到在国内走"接地气"路线，结合中国低价生产和一流设计的可行性。2011 年，杨威杰创办了 PHAI design 品牌，PHAI 与意大利语中 fai（做）一词谐音，同时与圆直径的符号"Φ"读音相同，意在融合优良设计与平实售价。与很多独立设计品牌不同，PHAI design 坚持量产和非手工的方式，以降低成本，创造一个平价实用的设计品牌。

PHAI design 的产品也的确坚持了这样的理念。杨威杰自己颇为满意的不锈钢开关 / 电源挂钩，挂钩本身并不出奇，但却别出心裁地将日常生活中最为司空见惯的开关、插座作为基座。插座和开关都是标准件，不用担心通用性的问题；而且其嵌入墙体，轻松解决普通挂钩承重不够或者容易掉的问题。更针对一些"迷糊"人士，进门后或出门前开灯关灯时随手挂取钥匙，还能解决找不到或忘带钥匙的问题。这个

小小的设计经历了近 4 年的不断改进，现在已经针对双开关开发了双排挂钩，整个结构也做了优化，将充电和储物与挂钥匙的功能结合在一起。

杨威杰很强调好用和实用，他更乐于设计高质的日用品而非高大上的奢侈品，并且善于从日常生活中发现设计的切入点。他的一款颇受好评的产品——波浪多用途硅胶蒸烤网，就是他注意到人们平常蒸食物时，由于食材紧贴餐具，蒸汽无法进入而耗时且使食物两面质感不同，甚至浸湿食物。一般的金属或竹制蒸网往往很大，不太好用。PHAI design 就开发了硅胶蒸网，可以随意套在各种餐具上，柔软、有弹性还耐高温。波浪形的侧边易于贴合，蒸网尺寸和间距经过精心计算，经试验可以缩短 40% 以上的烹调时间，还可以在烤箱和微波炉中使用，加热更均匀，也不积油。硅胶材料还比较容易清洗，又可以折叠存放，不占空间。

人如其"设"，杨威杰的言辞也颇为实在，"地气"十足——他希望自己的产品将来能"更好卖点"，更符合普通人的需求，让更多的人不需要花很多钱就能享受到设计。 END

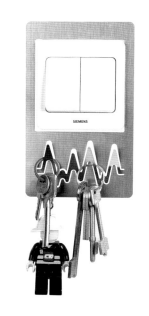

唐克扬

以自己的角度切入建筑设计和研究，他的"作品"从展览策划、博物馆空间设计直至建筑史和文学写作。

概念的展现或展览的终结

撰　文　┃　唐克扬

如果说建筑是加法，现代艺术很多时候却是"减法"，用前者来要求后者有时候简直是不知所云了。展现在1960年代出现的"概念艺术"也许是现代主义向古典艺术传统发起的最后一轮袭击，它所攻讦的大概有这么几个前提：艺术"品"（art objects），视觉特征（visuality）和情境（context）。它们也分别对应着"艺术"堡垒最后的几座大门：制作（making），感知（perception）以及博物馆体制（institution）。罗伯特·劳森伯格（Robert Rauschenberg）1953年创作的《被抹去的德库宁》（Erased De Kooning）正是这样一件作品：1.它首先否定了原作品赖以识别自身的形象（尽管和他的先辈比起来德库宁已经够缺乏形象的了）；2.这件作品的价值因此在于它"不是个东西"；3.它在哪儿发生都可以，因此也和美术馆无关。

作为一个具有建筑学背景的策展人，我一向关注"展览"文化的和空间的情境，这种关注所持的立场或许和概念艺术殊途同归。在这样的指导思想中，一个展览通常没有更好或更坏，只有"恰如其分"——我尽量不把展品看成孤立的"作品"而是设法使得它们和环境构成某种对话，适当地分离或加强展品和上下文的关系，并在空间中摆布整体性的体验，构成了我基本的展览策略。如此，1.我的展览对象不必是艺术作品或古代文物；2.展览和观众的关系不一定是十分确凿的；3.我找到的展览空间可以是古代宫殿（2010年故宫博物院"典藏与文明之光"文物特展），也可以是欧洲人想象之中的中国风景（2008年德累斯顿"活的中国园林"），是所谓高等文化（high culture）的殿堂（2009年博鳌论坛亚洲艺术展）；也可以是粗鄙的乡野村舍（安徽黟县"碧山计划"展）。

朱青生教授的"漆山计划"展有着非同一般的

展品。按照我的理解，它正是一件"概念艺术"。这样的艺术听起来或者玄之又玄，却对策展人的工作构成了实实在在的挑战。

如何展览"概念艺术"？严肃的"概念艺术"的存在并不依赖于展览，展览只不过是将概念的确立、演进和实践揭露为可见可感的形式，供艺术家和观众交流而已。这样的展览设计既不能做得太"实"了也不能太"虚"了，既要传达给观众基本的作品信息，又要点到为止，不替艺术家说出多余的话。更重要的是，那样就会破坏了"概念艺术"所构成的哲学基础。

作为建筑师，我倒是也拥有了一点解决问题的先机——通过同时和画廊主人与艺术家的双向接触，我有可能既再创造作品，又可能改造作品呈现的情境，这或许是有点建筑背景的策展人的一点优势吧！位于798的原画廊建筑是特殊时代条件下的特殊产物。按照传统展厅"白盒子"（展览环境和展览对象界限分明，在其中突出了"作品"）或是"黑盒子"（作品和充满"噪声"的环境接近融合）的定义，环绕建筑的透明幕墙构造和画廊的功能生来就是拧着的——既然要使注目室内了，那么还打开窗户干什么？

据说，这样拧巴的现状，完全是为了应付各种突发的"检查"和零碎的"规范"而造成的。也许最方便的办法，是将玻璃盒子重新改造为一个"白盒子"或是"黑盒子"，把该堵上的窗子重新堵上——但是能不能不只是"解决问题"，也从问题的解决中生发出展览建筑内在的意义？

我一贯的想法是绝不"知难而上"地去"解决"问题，比如把"白亮大"的画廊盒子活生生隔成一个黑暗的迷宫，如此"解决"问题的代价极其高昂，而且与原有的建筑情境风马牛不相及。从现实的角度而言，改造的主要问题有三样：其一是要有个合用切题的室内——就美术馆的基本功能而言，比如一侧的直射光对于展品的干扰；其次还要设计出一个起码的展程，使得出入和观瞻有着更好的联系，包括对于展厅室外广场的改造；最后，是如何在创造新意的前提下，使得展览尽量利用既有的条件，不至于完全推倒重来，尽量有点"化腐朽为神奇"的意思。在中国的国情下，第三点也许更加有意义。

结果，改造是利用石膏挂金属网结构创造出了一种特殊的半透表皮，它带来了听似奇特的"（随光强）有深度的透明"，"（随地点）不均匀的透明"和"（随时间）变化的透明"。对于建筑室内的整体改造，我感兴趣的一个最主要话题是：如何可以让厚重同时有光？如何自成一体的同时向外界开放，如何在喧嚣里听见安静？在视觉语言上，我的设计并不追求第一印象的"动人"，它致力于对物质性和非物质性边缘特质的探索。这样又"透"又"不透"的白墙可以保证基本的展出环境，在不同的光照条件下，还可以让室内和室外有良好的互动。

以上解决功能问题的角度同样也对应着对于"概念"的恰如其分的呈现。半透的展墙遮盖的侧光是为了制造出一个观念上半开放的空间，使得画廊的边界趋于消失。室外光既是展品部分的自然光源，又构成了认识论意义上的主体的"滤镜"，和那种完全的人工照明相比，它们使得展览环境和"展品"之间彼此融合了。在这个意义上，展览内容一定不止是附着或者是独立于展墙的"物品"，不同尺度和观感的展览内容立体交叉，使得观众在同一角度只看到有限的展品，小的，需要近观和静观的展品和宏大环境，视觉强烈的展品彼此错歧。如此不是真地取消了视觉而是使得（在最起码的认知可能下）它们彼此抵消。

展览的基本想法因此是把"观念"不仅视觉化并空间化。这样的"观念"不应该是一种确定无疑的图解，而是可以由多个视角解析，而又在同一系统内整体表现的多面体，是"物"、"像"、"词"的交替出现，或者空间、形象、表意的相乘。

我的基本对策如下：其一是把"观念"分解成几个不同的序列，例如按照年表的时间顺序排列的展程（楼梯上的漆山"事件"），按观念自身生长的逻辑呈现的树状结构（南墙上的漆山"观念"树），以及由不同材料自由聚合而产生的柱列（东西墙上以"主题"方式呈现的"漆山十事"文献展）；其二，展览的表面既是二维的也是三维的，通过不同的重叠，并置和空间组合，在静态呈现的前提下，由人的运动，可以在展览中产生不同的图像和意义——它是一个因为"你"的运动而产生的动画。

展览虽小，却基本做到了每一个细节的精到，以及展览结构的全面与丰富。绝大部分的展览元素，包括柱列，墙面和装裱都是按模数制作的，如此可以让展览的结构在别的场地中方便地延伸和转换——艺术观念有其生长逻辑却不拘于某时某地，布展的方式可以看作是对这种思考的物理回应。

它好像是为即将到来的盛大演出搭建的舞台。

这样的"概念艺术展览"和寻常的展览会有什么区别呢？或者，它和戏剧有什么不一样？它是否意味着"展览"从此就会变得无边无际了？在开幕式上，一位认真的女生问我。我不记得自己是用什么高深的理论搪塞过去的，但我分明也感到了一丝不安。 **END**

范文兵

建筑学教师，建筑师，城市设计师

我对专业思考秉持如下观点：我自己在（专业）世界中感受到的"真实问题"，比（专业）学理潮流中的"新潮问题"更重要。也就是说，学理层面的自圆其说，假如在现实中无法触碰某个"真实问题"的话，那个潮流，在我的评价系统中就不太重要。当然，我可能会拿它做纯粹的智力体操，但的确很难有内在冲动去思考它。所以，专业思考和我的人生是密不可分的，专业存在的目的，是帮助我的人生体验到更多，思考专业，常常就是在思考人生。

美国场景记录：社会观察 **I**

撰　文 ｜ 范文兵

在美国日子越久，越能清晰看出，国内当下普遍流行的很多关于美国的说法，颇多臆想成分，究其原因，大致有两个。

一个原因是来自集体大众的心理投射，这是一种对理想世界的集体幻想。由于各种历史原因，美国成为了被投射对象。这种心理投射，其中当然有合理成分，但也的确有些是出于不满国内现状，进而赋予投射对象本身不具备、但投射主体希望它拥有的东西，还有一部分，则源自于投射主体自身集体性格的反映。

另一个原因，则产生自一些以"立场第一，事实退后"为思维模式的集体或个人，在台前幕后的推波助澜，目的是什么，要一个个案子看，有的是为了所谓"利益"，有的是为了所谓"理想"。

如此一来，真正的美国究竟是怎样的？我们可以向它学些什么？应该避免些什么？……都淹没在一片似是而非、云山雾罩的"神话传说"之中了。

我个人以为，人们是无法将神话（想象）作为生活基石的，事实才是一切行为的起点。因此，在美国的日子里，我试图去除个人成见，尽量去客观地观察、体验，最后，则是不断发现一些"政治不正确"（所谓政治不正确，主要是针对当下国内民众的普遍看法而言）的事实。将这些观察写下的目的，不是想得出简单的"谁更好"的结论，而是想通过自己了解到的一些情况，尽量逼近真相（当然你可以从某个层面说，真相根本不存在），把那种简单的黑白梦幻式思维给打破，更复杂、更准确地看待世界、看待自己。这无关自信，也无关自尊，只与事实有关。剩下的判断，每个人自己来做。

1. 美国，美国人——以网上一条微博为例
【微博原文】

美国人的价值观：什么是人生最有价值的事情？67%的美国人选择有足够的时间去做自己想做的事；61%的人认为事业成功有孩子最有价值；53%的人认为结婚是人生最有价值的事；52%的人认为，做义工、为慈善机构捐助和过着有宗教信仰的生活，是人生最有价值的事。只有13%的成年人认为成为有钱人最重要。

【我的看法】

这种异常政治正确，立场鲜明，带着明显倾向性、引导性的通俗易懂的有关美国、美国人的口号式说法，在国内非常流行。每遇此类说法，我都希望能看到概念的明确定义，原始出处，以及相关分析。

从我个人的观察讲，"美国"、"美国人"这种大集体单位，是需要特别谨慎、明确定义后才能使用的复杂概念。

美国是一个各州权利大到对同一问题法律都可能有不同规定的联邦制国家，参加总统选举人数连年下降（60%左右），几十万人会签名要求独立，个人价值观千差万别，族群繁多，特色迥异，阶层区隔明显，因此，任何一个声称对"美国"、"美国人"的民调都有着非常明显的局限性，甚至有说法，什么叫美国人，都很难定义清晰。因此，我就会希望知道，是什么单位主持的调研？多少人参加了调研？参加人的地理分布？参加人的社会阶层构成？参加人的种族状态？……一系列问题不解释清楚，微博中所谓的调查数据没有任何意义。

虽然我个人有时也常常会在类似言论中看到与自己心有戚戚焉的说法，比如，我就对今天中国过于单一、绝对的追求钱、权倾向，很不以为然，但是，如果在一个"虚假基础"上得出所谓"正确结论"，本质上其实还是一种（洗脑）宣传，这对帮助我们进行基于事实基础上的独立判断，毫无价值。

进一步分析，这种习惯性地依附于"美国"、"美国人"大集体单位概念来反衬中国、中国人问题的说法，其实背后恰恰隐含了一种"非常中国特色的集体从众心态"。它隐含的逻辑其实是在说：我们都知道，美国比中国好，你看，美国大部分人是这么生活的，那么，这种生活一定是好的。而悖论恰恰在此！如果说真有所谓"美国价值观"的话，独立、个人化、差异性、不攀比、自己过自己的日子，肯定是一个重要的组成部分。这种价值观告诉我们，即使99%的大多数人选择某种生活方式，也不会影响1%的少数人心安理得地选择不同的生活方式，而那99%的人，在"宽容"、"接受异己"等观念已成为共识的情形下（美国南方地区相对弱一些），至少在表面上，是不敢公然给少数派施压，说这个好，那个不好，你应该这样，而不该那样。

2. 自由与洗脑——以我的一篇豆瓣日记为例

【豆瓣日记——双向洗脑】

这篇日记描述了我在美国主流新闻媒体里看到的，一些对中国明显与事实不符、片面狭隘的描述，以及这些描述，对普通美国人在对中国认知上的影响。日记发出后，我陆续收到一些意见，说我把美国新闻界的自由、客观、丰富性说得太不堪了，质问我，怎么可以和我们这里的新闻洗脑相提并论呢？

【我的看法】

我推测一下，这种反应、质问，是不是暗含着一种"非此即彼"的黑白预判呢？也就是说，新闻媒体，要不就是洗脑欺骗，要不就是客观诚实。但事实恐怕没这么简单。

我个人以为，双方其实都存在通过新闻媒体进行洗脑的行为，洗脑力度、技巧当然高低有别，但我边主流媒体肯定不像一般国内公众以为的，天然就客观、公正。

中美其实存在着信息上的严重不对等。一般中国老百姓对美国充满兴趣，很多细节都会津津乐道（其中虽然有很多误解、神话倾向），而一般美国老百姓对中国基本一无所知，其实也没什么兴趣去了解，因此，豆瓣日记里谈到的主流媒体（也就是一般美国老百姓会经常会看的媒体）就能够比较严重地影响到他们对中国的看法。媒体中的确存在其他声音、其他选择，但老百姓不大会去看，因此，普通老百姓接受有关中国的信息（不是指所有信息，仅指有关中国方面的信息），是具有比较明显倾向性的。

相对于主流媒体对中国普遍有倾向性的报道外，在对美国内部问题上，各个媒体的视角则要丰富、复杂得多。但这种丰富、复杂，除了有基于"事实"的报道外，也有相当部分是基于"立场"推断的。所谓立场，其实就是一种带有倾向性选择意味的"洗脑"了。而一般受众，又往往喜欢阅读跟自己立场接近的媒体，这样，立场会越来越鲜明，而距离事实，恐怕

会越来越遥远。但有个前提还是要明确一下，美国这里的新闻媒体，的确充满了比我们多得多的选择可能性，我们的新闻媒体选择很少，而且，我们这里还有一种反向选择，其实也很可怕，即，媒体说什么，我们都不信。

但反过来看，是不是具备选择的可能性，就意味着普通百姓就真的有了（或者说进行了）选择呢？并由此锻炼出来一种开阔、客观、理性的视野呢？拿美国总统选举为例，我们普遍以为美国只有2个党派参加总统大选，其实，至少有超过5个还算是较大的党派（茶党、自由党等）参加大选，但在各种习惯性立场、财团支持力度、主流媒体引导等因素导致的有意无意的遮蔽影响下，另外3个党派，基本没有出头的可能性，影响面极小。美国普通老百姓其实也就只剩下2个选择，他们一般的视野，其实也就局限在这2个领域内。这种状况，在看似充满丰富选择的媒体世界里，以同样的方式存在着。

3、我迄今为止观察到的阶层的真实状态——从一篇微博引申开来

【微博原文】

今天听一个CBC同学和我说，他读engineering是为了赚钱下一代读doctor，因为加拿大读医学费贵。下一代读医是为了赚大资本给下下一代读business，下下一代读商是为了赚够资本给下下下一代读arts！读engineering为三代，听说得我泪流满面……

【我的看法】

这个微博段子我在豆瓣网上转载了一下，没想到引起众多海内外网友的围观。

这个段子虽然是个笑谈，但的确却触碰到一些真相。这让我想起上礼拜五在艺术史系听讲座时的又一个"政治不正确"的观察。在艺术史这种"无用"的学系里，一眼望过去，里面从学生到老师，穿着、打扮、用品，普遍和其他院系不一样（我不是说所谓艺术家风格与普通人在穿着打扮上的不同），说白了，阶层感不一样。

想当初我刚到俄亥俄州立大学（OSU）这所公立名校时，一个中国学生跟我说，这里基本都是普通人家的孩子，有钱孩子大多去私立学校了。我当时心里还说，没那么夸张吧，美国不是很讲平等吗？但在这个讲座上的观察，让我又不由自主想起另一则对话。一个美国室友听说一个人读法律，他的第一反应是，他有钱！

美国阶层之森严，早已名正言顺，只不过，由于各种福利倾斜、制度调节等因素，在表面上看不那么明显，人们也不去触碰这个敏感话题，都假装它不存在。而我们国家，由于革命、民粹之说洗脑出"乌托邦的绝对平等倾向"，也在羞羞答答、遮遮掩掩着阶层的实际差异，因此，转型期渴求（绝对）平等的人们，总有被

残酷现实欺骗之感。其实我们必须要承认，这才是现实世界的客观运行规律。再民主、再平等的社会，也是分阶层的，不同阶层的资源有差别也属正常。判断阶层状态是否合理，我以为不是要乌托邦、极端地消除"阶层差距"这个客观规律，而应该要问：不同阶层是否合法、合理地利用了手中的资源？不同阶层间占有的资源是否差别太大？从底层向上层流通的渠道是否公平、通畅？……

突破阶层藩篱的"美国梦"，我以为是要那些具有足够能力、巨大努力、同时运气不能太坏的少数人才能完成。当然，美国社会为这些天（人）才们提供了相对于我们这里，足够公平与宽敞的通道。但我们自己是不是也要反过来想一想，自己是天（人）才吗？自己肯花大功夫努力奋进吗？美国老百姓似乎对此想得很清楚，若自己不是，就踏踏实实过日子，知足安分。当然，有两个很重要的原因让大家安心：一是因为宗教会最后为所有人提供公平的心理依托，一是社会制度相对公平、透明。

我觉得这个话题今天在中国特别敏感，大致有两个原因。

一是因为社会转型期的确不公平现象普遍存在，但也往往会因此混淆了一个普通人对自身状态（智商、情商、努力、社会资源……）的客观评价，进而会对自己的阶层及其相应待遇耿耿于怀。"蚁族"之说如此流行，其中蕴含的愤愤不平与自我怜惜，我觉得就是一个典型表现。我以为，一个年轻人在没有根基的大城市里从头开始起步，经济拮据，居住局促，古今中外，均是如此，这是个客观规律，而不是什么特别时期的特别社会问题。

二是"二代、有钱"这些个现象引起的反应，在美国这个宗教强烈的国家里，远不如在中国那么触目惊心。"有钱"，在美国它只是一种人生状态，"炫耀有钱"是一件可耻，或至少是不好意思、不上台面的事情（大城市、好莱坞相对于普通美国人的正常生活，是另一个世界，别被其中的光环迷惑了），而不是人生追求的唯一"最终目标"。这与中国人民在价值观异常单一明确（赚大钱、做大官、做人上人）的大道上一路狂奔、咬牙攀比的状态中，产生的强烈刺激与心理波澜，自然是天壤之别了。

注：教育研究人员估计在某些常青藤顶级名校里至少有10%（或者更多）的学生具有"家族渊源"——拥有家庭人脉可以令一名中等学生获得名校录取的几率增加约60%……正如哈佛前任校长劳伦斯·H·萨默斯（Larry Summers）所说的："录取校友子女正是私立教育机构这样的社团组织的一部分。"——其他常青藤学校以及部分私立人文学院的校长也持同样看法。资料来源：http://www.ftchinese.com/story/001047129?page=1 《名校的代价》

李雨桐

女，狮子座，建筑师，留学英国。

关注上海，关注上海的建筑设计以及上海的建筑师。

希望从流行的学术和媒体观点之外发现被隐藏的创新性观点和视角。

上海商业中心十作

撰　文　┃　李雨桐

电商的崛起改写了商业地产的格局。但和大多数激进的预言家不同，我不认为电商会杀死商业中心，它会促进商业中心模式的更新，更注重顾客的体验，更注重服务，更注重商业的附加值。电商会杀死以节约成本为主要竞争手段的商业业态，比如小商品市场等等。本文谈的商业中心指的是室内集中商业，最初的类型就是百货公司，商业村比如OUTLETS和商业社区比如大拇指广场则不在本文讨论之列。

商业中心的成功需要基于以下10点原则或者其中大部分，如果将商业中心看成一个生态系统，1）它要足够大；2）内部业态的生态要足够丰富；3）作为商业中心的系统的周边支持系统比如周边的居住办公系统要远远大于商业中心以便支持商业中心的运转；4）外界的交流（其实就是交通涵盖各种公共交通以及步行导入）要充分同时便利；5）主题和定位明确；6）体验；7）多发性的商业文化事件；8）空间的可拓展性和边缘空间的激活率；9）业态的可稳定更新升级；10）从封闭到局部向城市开放。

商业中心的定位，无非是全市地标型、区域型和社区型三种类型。其中全市地标型基于所在城市的国内和国际定位也已上升为国家或国际地标型，而社区型是基于社区基本功能服务配套的，比如1990年代上海曲阳新村的百货公司，但被后来的更综合的大卖场所取代，大卖场提供的商品成本更低，是日用百货和菜场以及餐饮综合在一起形成的粗放型的商业中心，所以后来曲阳百货被家乐福所替换是自然而然的过程。

全市地标型和区域型都可以是shopping mall型的商业中心，或者是新型百货公司，或者是集成店，其中shopping mall是主要类型，在上海有越来越大的趋势。区域型的一种特殊业态是专业产品集中卖场，目前纯粹的专业卖场由于生态过于单一，加之配件市场无法抵御电商的冲击而趋于消亡。专业卖场有精品化趋势组合进入shopping mall，或者增加体验和休闲成分来营建生活方式的专业发烧新卖场。

全市地标型是城市的地标，占据城市时尚的最高点。这种类型在上海的主要商业中心类型是奢侈精品店商场，比如恒隆广场等，上海缺的是类似哈罗德百货那样的奢侈百货公司。上海原来的第一百货在解放前就是奢侈百货公司，但因为历史缘故没有继续这样的定位而成为定位中层消费的普通百货公司，因为定位主题不清而失去了全市地标型地位，目前成为具有全市地标型历史的区域型商业中心。而其他曾经成为全市地标型地位的百货公司，比如太平洋百货趋于没落，第一八佰伴则及时转型放弃该类型地位，转而利用日益成熟成长的居住态势以区域型定位结合社区型服务成为2013年上海销售额最高的商业中心。全市地标型商业中心还有一种特别百货类型就是专品百货，比如久光百货就集中了大量日系产品成为上海最全日系百货公司而成为重要的全市地标型商业中心。

商业中心垂直业态分布的格局已经逐渐改变。早期百货公司一楼是专卖店和香水，二楼以上主要为服装，最后是家居，地下室是美食街和超市。现在服装受到电商冲击，在商业中心的占比越来越少，而餐饮作为电商不可替代的商业业态越来越在商业中心中占比增加。目前商业中心3件宝——超市，电影院和高级餐厅成为大量商业中心吸引客流的三板斧。但这三个业态的租金回报太低，商业中心的利润来

1		4
2		5
3		6
		7

1　月星环球港
2　国金中心 IFC
3　K11
4　证大喜马拉雅
5　恒隆广场
6　久光百货
7　浦西嘉里中心

源还需要另想他法。

商业中心的空间布局逐渐从封闭内向型向城市空间和屋顶开放，形成一个局部开放的生态系统，但室内主要还是以步行街为主要空间骨架，但步行街的空间和节点丰富度越来越饱满。但上海没有出现真正的主题性商业中心，上海的商业中心步行街和节点中庭还是不设主题的常规配置。此外商业中心其实不需要过多注重外部装修，而是强调内部空间和商业展示的丰富性。

十作

1. 月星环球港

区域型商业中心，基于上海西北角庞大的居住基数，填补了上海西北角大型商业中心的空白，展示了一种世界之窗式的舞台布景商业形象。它宣称是全上海业态最为丰富、品牌最为丰满、组合最为多元，体量最大的商业综合体，但其目标不是吸引真正市中心的客流而是坦诚面对西北角居民，它的艺术主题和体验设置也是针对这一市场，环球港变成了一个供家庭或朋友们欢度周末的游乐场。没有人会再关注究竟这个欧式建筑做得正不正宗，获得一个心情愉悦的购物体验，这就足够了。它符合10点中7点。

2. 国金中心 IFC

全市地标型商业中心，陆家嘴的"恒隆广场"，上海浦东最高档的奢侈品精品店商业中心。具有完备的奢侈品业态配备，丰富的室内空间层次，和陆家嘴高架步行道以及地铁的接驳方便，停车场和商业的接驳方便性和友善性极佳。多样化的休闲业态包括不同层次的餐饮，电影院和超市。利用地铁标高和下沉广场和陆家嘴城市空间联系，为陆家嘴的不友善的街道空间

提供了可以亲近的近人尺度的广场，此外它的支持系统还来自本身的构建，它是个城市综合体，含有酒店，公寓和办公。城市综合体的复合业态对商业中心而言是重要的系统支持。

3. 恒隆广场

作为全市地标型的商业中心，恒隆广场是上海最早一家成功的奢侈品精品店商业中心，比之上海的奢侈品精品店商业中心开拓店——锦江迪生，美美百货，它具有良好的购物环境，占据南京西路要冲。它的步行街体系提供了可供多样化活动的场地，这点附近的金鹰百货和中信泰富就无法提供而导致商场活力不足。它还能够充分发掘边缘空间，并使其产生足够的效益。它不仅依托本身的办公楼宇的消费基数，并依托已经成熟的梅泰恒商圈，即便它的交通不方便，它已经成为步行商业街的目的地，并成为一个全国性的商业地标。

4. 久光百货

全市地标型商业中心，特色百货公司，接驳地铁 2 号线地下室商业业态是上海最生动和成熟的，在长达 10 年的营业过程中，非常注重业态缓慢精致的更新，是个不断生长的商业中心，能够根据市场在保证主营业态的基础上调整业态布置。这也是周边芮欧百货以及嘉里中心开张也不能影响它的影响力。它北面的公交枢纽的落成，为其交通接入提供更好的支持，它没有电影院，高级餐厅也不多，停车体验不好，但无碍于它的成功，是个值得研究的案例。

5. K11

K11 是一个失败的商业中心的重新设计包装的成功典范，原本是一个裙房商业，空间和功能都设想不充分而占据淮海路好地段却经营不善，"急吼了"的运营者把一个区域型商业中

1	五角场万达广场
2	大悦城
3	中山公园龙之梦

心因为第 5，6，7 三点的极致运用，产生了全市地标型商业中心的效应。它的运营者将文化和艺术成功地植入商业，甚至低估了上海市民对艺术的热情，而导致开业前半年应对大流量的人群而准备不足。

6. 证大喜马拉雅中心

证大喜马拉雅中心是有着全市地标型商业中心的野心却连社区型商业中心都无法做到的失败案例。它不友善的界面设计让毗邻地铁的优势也丧失殆尽。对照 10 点，几乎样样失败，它考虑到了文化艺术，有电影院，有艺术馆，有开放空间但要么割裂要么太不接地气，使得所有好的设想无法落实，这说明了设计的重要性，如何具体化优势条件是建筑师的必要本领。

7. 浦西嘉里中心

证大喜马拉雅中心"死"在了浦东嘉里中心手上，浦东嘉里中心不过是社区型商业中心，获得了区域型商业中心的影响力。而浦西嘉里中心则是个全市地标型商业中心。占据静安寺商圈四个街坊并连续成片形成一个城中城。它是个典型的步行街商业中心，没有巨大的中庭或者边庭，但它的建筑群和城市交织在一起，形成既丰富的城市和商业中心的交融空间。我之所以没有选择 IAPM，是因为在生态上它比不上嘉里中心，在购物体验上比不上 IFC。

8. 中山公园龙之梦

它的成功首先因为中山公园本身就是个区域性消费极强的商圈，并完全基于占据了一个人流倒入巨大的交通换乘枢纽，周围完备的商业配置也有效地支持了龙之梦商业中心。尽管它的商业的业态布局不尽如人意，但引进了成熟的大卖场家乐福帮助它活得很好。它具有全市地标型商业中心的交通优势，区域型商业中心的地理位置和影响，提供了社区型商业中心的功能服务，也算是成功的案例。

9. 大悦城

大悦城地处苏河湾地区，毗邻南京东路商圈，其有着明确的目标人群——18-35 岁新兴中产阶级，年轻、时尚、潮流、品位是大悦城的定位主题，明确的人群定位，为其带来了稳定的客流，这里也的确成为了年轻人的聚集场所。是一个原本在区域型和社区型之间定位的商业中心由于抢先定位主力人群而具有了全市地标型商业中心的影响力。

10. 五角场万达广场

五角场万达广场的腹地是两个大学的师生聚集区和上海最大的居住区中原小区和后崛起的新江湾高级居住社区。它本身也有酒店和公寓的配置，尽管人均消费比不上市中心，但消费基数是巨大的。万达院线和亲民的餐饮路线非常吻合五角场的需求。万达模式在上海市无法进入内环的，但在传统意义上的城乡结合部

则可大展拳脚。因为补缺，所以是个社区型商业中心但获得区域型商业中心效应的案例。

以上十个商业中心基本可以验证成功十原则的重要性，不一定面面俱到，但抓住其中几个原则做到极致并在设计上得到保证，成功是必然的。但我们可以看到，上海商业中心大多数的定位相似也不明确，创新性还不足，主题型、城市休闲复合体验型和专业小众型的商业中心还没有出现，随着电商的日益强大，商业中心的运营者继续继续创新。 ■END

偷闲东钱湖

| 撰　　文 | 蔓蔓 |
| 资料提供 | 宁波柏悦酒店 |

东钱湖没有太湖浩瀚，亦没有西湖雅致，但就胜在自然。

这里，风景旧曾谙，变化也新来。

柏悦落户东钱湖畔后，保留了东钱湖边古老的渔村格局，白墙黛瓦，三角山墙屋顶，

犹如一幅别致的中国山水画，勾勒出完美的隐世佳境。

诚如林语堂所说："最好的建筑是这样的，我们深处在其中，却不知道自然在哪里终了，艺术在哪里开始。"

柏悦是凯悦集团旗下最高端的品牌，每一间柏悦酒店都是其酒店集团的精华呈现。宁波柏悦是继上海、北京之后的中国第三家柏悦，区别于前两家束之高塔，宁波的这间柏悦坐落在静谧的东钱湖畔，褪去了柏悦一贯给人庄严、郑重的商务形象，反而多了几分安逸、洒脱的自然气息，令人忘却俗务，颇有中国古代文人寄情山水的意味。"海定则波宁"，宁波自古以来就以秀美的山水吸引了众多隐士。2500 年前，越国将军范蠡放弃了显赫权势地位，与至爱西施隐居在一片静美的湖光山色间，成就了一段浪漫佳话。相传，富可敌国的范蠡将其积蓄埋藏于湖中，这就是"东钱湖"。

取道杭州湾跨海大桥，不过三个半小时的车程就可以从上海到达东钱水域。车子在群山环绕的沿湖小道上穿梭，湿润的空气伴着花香打入窗内，沁人心脾。还未到酒店门口，一片片悠然淡雅的白墙黛瓦远远地就映入眼帘。酒店的主入口是一群自西向东游的青铜鲤鱼雕塑，将客人领至引人瞩目的瓦檐门道，两旁以独特的木格屏风予以装饰。由沿桥薄雾迷蒙的火炬指引，信步穿越一片以水蜡树、紫竹林和日本枫树巧妙布置的后现代风格园林后，就可以到达主入口。

其实，这种以江南水乡村落为格局的设计已不是初见，杭州的富春山居和安缦法云都给出过各自的阐释。宁波柏悦因为面对偌大一个东钱湖，显得更加大气和安静。远远看去，整个酒店被特别筑建成低矮的独栋宅邸，简单的灰墙沙瓦与三角山墙屋顶相互呼应，宛如时光雕琢而成的天然村落。在多重庭院和天井之间隐藏着无数园林水榭，水蜡树、紫竹林和日本枫树等绿木点缀其中，设计师在江南水乡格局的基础上留下了后现代风格的痕迹。

酒店的中式风格拿捏得很好，就像是明代的家具，不是清代那种繁复的魅力，而是简约流畅，清清爽爽，小景中细看有禅意。当

然最得意的地方还是借景东钱湖，见之忘俗。水是宁波柏悦酒店一再出现的主题，以水元素为主题的众多景观均完美地融入了酒店的整体氛围，几乎处处都能领略到不同角度的湖景。打开面湖那高达6m的双扇木门，入眼即是环绕着池中庭院和室外泳池的东钱湖景。此处也是宁波柏悦最美之处，整个水系面向东钱湖。而从悦轩餐厅沿山势往下，经室外无边泳池直达湖畔沙滩，格局上很有海边度假村的宏大气势。下午天气好的时候，最惬意的莫过于躺在离湖近在咫尺的躺椅上，点上一杯鸡尾酒，静静地聆听湖浪拍岸的声音。

酒店内有3~4层的客房主楼，设有172间标准房，客房均单边布置，由景观走廊串联，全部朝向湖景。清晨，阳光洒在景观走廊上各处落地窗的竹帘上，影影绰绰。于是，在幽长的房间走廊里，杏色的内墙上总有余光投射在上面，亚麻布上的大写意图，愈见清晰。东钱湖本就是个远离城嚣的地方，这里又自辟了静谧的一隅。

为了保留江南水乡的特有记忆，整个酒店内仍可见许多旧物，如石板、老砖老瓦、旧罐旧缸，在酒店的室内，随处可以发现这些质朴原始的材料所呈现的艺术表现力。值得一提的是，保留了村落中完整的戴氏宗祠和裴君庙，并将庙和祠堂异地重修，同时，对村里的主要街道的房子进行了专业的测绘和拍摄，保留了珍贵的一手资料。

度假村内的园林景观在设计上强调与周边自然风光俨然一体，并力求精致。尤其用茶树修剪的梯田，与绿树掩映的黛瓦粉墙交错衬托，使建筑群成为江南风景的一部分。

但于我而言，最舒适的体验则是漫步在湖畔。和那些造作的人工水库湖泊不同，东钱湖是真正的天然湖泊，有人可以看出西湖的柔美，有人可以看出太湖的雄壮。我觉得最美的时候是傍晚，夜月升起的时候，湖畔有船，湖中点缀着几座金银夜光塔，夜色中的酒店就像是月宫中的广寒殿。

悦湖水疗

作为柏悦的度假系列，水疗自是其金字招牌。坐落于宁波柏悦酒店内的悦湖水疗共有 8 935m²，由十座独立的奢华水疗别墅组成，每间别墅均有设施先进的按摩理疗室、配有电视及私人餐吧的足部按摩区、更衣室以及梳妆区、蒸汽淋浴区、桑拿房、餐饮区，更配有室外的休息室、按摩池和淋浴区的雅致私人花园。

除了地道的西式水疗理疗项目外，悦湖水疗还提供包括针灸、经络刮痧、拔罐和气内脏按摩等各种传统中医项目，并善于将本地著名的养身健体原材料与中草药治疗相结合。理疗之前，宾客先享受应季的草本蒸气浴，通过如春季龙井新茶和金秋桂花等新鲜草本原料，打开周身肌肤的毛孔，彻底排除肺部和肌肤平日积存的毒素，同时有效地舒缓肌肉的疲劳感。排毒蒸汽热敷疗法则采用新鲜生姜、桔皮、薄荷、肉桂和樟脑等著名保健药材，在理气活血的同时，显著减轻宾客的肌肉酸痛和劳累感，同时改善呼吸状况和消化功能的紊乱问题。具有宁波当地悠久传统的海盐热敷疗法，则通过与娴熟推拿按摩的互相配合，帮助宾客获得在减轻肌肉疼痛和肿胀方面的特效。按摩理疗结合传统中医技术，招牌推拿式按摩将沿人体经脉节律，专业地按压相关穴位，如耳穴按摩能触及全身共 120 个可反射身体器官的穴位，从而缓解内心紧张感，改善血液通畅循环，并重塑身心平衡安逸。

钱湖渔港

　　"钱湖渔港"，一看名字就有一股浓浓的宁波味道，作为宁波柏悦的标志性餐厅，其设计灵感来自于本地的特色文化。餐厅旨在提供这片水域最为新鲜的水产，是一处独具特色的餐饮圣地。

　　钱湖渔港巧妙利用临湖的地理优势，重新诠释了"海鲜市场"这一主题，邀请宾客亲自从各个鱼缸里选取新鲜食材，并通过开放式厨房亲眼观赏师傅操作锅炉、蒸笼和砂锅等，烹饪出一道道极富当地风味的美食佳肴。餐厅以传统宁波口味为特色，提供来自浙江沿海地区的各色美食。同时所有来自东海和东钱湖的海鲜和湖鲜均会在时令菜单上应季推出。

　　"钱湖渔港"由一系列独立的室内外别墅组成。宾客可经由僻静的私人车道前往，之后可选择在室内、户外或十间可供6至16人派对宴会的私人包厢用餐。每间包厢均拥有独立洗手间和休息室，以及一名细致周到的服务管家照料宾客需要（酒店更计划落成两艘膳舫，宾客甚至可以一边泛舟湖面一边享用道地美食）。每间私人包房均设计独特，景观各异，宾客每次前往都将感受到全新的用餐体验。

茶苑

东钱湖对面的起伏山脉是福泉山，拥有万亩茶场，出产"东海龙舌"、"云雾春"等上等绿茶。近水楼台先得月，在别致的柏悦"茶苑"中品尝最新鲜的绿茶也是一种享受。

"茶苑"位于酒店中心，由保存最完好的戴氏祖屋宅邸改建而成。特色中央庭院、典型的两进式厅堂和沿侧夹层游廊以及神圣的家族祠堂无不诉说着历史的故事。置身此处，品味茶香之时回味悠悠历史积淀，别有怀古思昔的独特滋味。

此外，作为宁波汤圆名声在外，素有"江南小吃之冠"的美誉。正宗的宁波汤圆制作尤为考究，除了选用当地一级精白糯米在水中浸泡后用水磨慢悠悠地磨成白白的米浆，用不带沥水后，再以香甜的黑芝麻入馅，揉搓成白亮圆滚的汤圆。酒店现在每周三至周日 15:00 至 16:30 会在茶苑演绎传统宁波汤圆的制作过程，并提供试吃。

Tips:

宁波柏悦度假酒店

地址：浙江省宁波市东钱湖大堰路 188 号

电话：0574-28881234

网址：http://ningbo.park.hyatt.com

红

红是由老裴君庙改造而成，设计师保留了中国传统的大红元素，外形古朴、内饰热烈，风格独特。原先庙内的老戏台也得以保留，院子加上采光顶成为四季中庭，作为客人晚间娱乐的去处，也可接待 200 人的中型活动。

值得一提的是，目前每周四至周日晚上，酒店都会在"红"安排免费的昆曲演出，试想，在一个现代感十足的酒吧内，喝着鸡尾酒，听着清雅飘逸的昆曲，是怎一番"混搭"的心醉神迷呢？ END

轻重设计

撰　　文　｜　雷加倍
对谈时间　｜　2014年5月17日

倍 看你微信状况，好像是今天被人上课了？

雷 今天有业主给我们大上文化课，我回他："我们只做轻薄的设计。"

倍 看到你写的："人人以自己的方式有尊严活着本己不易，瓦上霜也会消融，轻装薄面前行，门前雪或是可把握的。"

雷 刚刚与台湾设计师朱柏仰聊天，他回复我的微信说："想想米兰·昆德拉的小说《生命中不可承受之轻》。"我说："我只喜欢性描写的那段。"他回："只喜欢性描写就是生命中不可承受之轻。"读米兰·昆德拉那年我18岁，轻薄感如发育初期的身体，不可知。

倍 都快48了，可厚重了些，你都时常八大山人一下的，怎么还说轻薄？

雷 因为蜻蜓点水所以轻薄。

倍 流行轻薄，文化厚重吗？

雷 对文化敬仰，对流行实用，喜欢"现"，所以文化最好可以穿在身上，也方便脱去"载体"的衣服。

倍 我觉得真正的文化欣赏需要"智性的审美"，而流行艺术不需要。在某种程度上，文化欣赏需要"受过训练的头脑和眼睛"，而流行艺术不需要。文化让人"内在触动"，引发连锁的思考，而流行艺术刺激浅层情绪和表达。不过，文化很难营造，所以设计者应远离文化比较好。

雷 因为小时学习不好，一直觉得缺少文化。后来与自称文化人相比，好象我比他们八卦，而八卦可导致内在的触动，浅层的肌肤或可魅惑心灵。我不是愤青也不是无知无畏者，所以内心远离，等待表面勾引。

倍 你还学习不好？你的微信朋友圈里用词很讲究。

雷 表面勾引往往来自视觉、味觉、触觉的感知等等，与设计有关。设计本不是高大上的事，匠人的奇巧小聪明或许管用，字词讲究是源自无聊。

倍 今天业主有啥文化要求？

雷 他们要把麻辣烫与中国文化扯一起，后一细想，准确。

倍 串烧？那是蜀隅的重口味。

雷 麻辣烫不是鲜活的中国文化吗？据说他们想要开百家，所以要文化先行，黑色幽默吧？冷了就是江南文化……

倍 业主开百家麻辣烫？哈哈，文化先行……文化从来都不会脱离物质表达存在，文化是要附体的魂，咋先行？

雷 对，现在都把文化穿在身上，我是设计师，亦是小裁缝。文化现在也是麻辣烫表面的浮油。

倍 前两天去上海的蜀九香火锅店，气死。店堂里都是文化，每个包间都有个经典古建的名字，门上是用木条拼成的梁架图，室内挂着该建筑的平、立剖图，顶棚上挂着一条条"有文化"的字……好有想法啊。但环境低劣，灯光廉价，气味恶心，地面泛着浊光。尺度、舒适性糟糕得一塌糊涂。估计你那个业主就要这个。

雷 这已算是名符其实，有些文化是冷后得倒入下水道的回收油，所以宁可轻薄不是浅薄。

倍 是啊。回收的油，不知道是回了几手的油。最恨那种汇报的时候说两个小时文化，效果图角上写几行毛笔字的奇葩。

雷 但我心中还是有神坛的，内心佩服真正隐者或是哲人。最近南师大文学院要改造，吕彦直先生的建筑，让我做成轻薄时尚那种，不敢。

倍 反响如何？

雷 没敢去与文学院长交流，怕漏了自己的轻薄，或见到他们的厚重。

倍 最终你会发现伊拉也不过尔尔，大势所趋。

雷 所以设计界代人不同特征或相似，冯纪忠老师的竹屋还是"厚的"。我最近又看了，是那时才可有的作品，

倍 我也觉得只有那时才有，节奏缓慢内心质朴的时代。

雷 但或也有种煎熬，是文化太厚的煎熬，所以我不装也达不到。

倍 责任是包袱，传承是羁绊，思考是压力，求索是纠结。其实时间就是文化，你四十岁做的东西一定比三十岁时做的有文化。

雷 年龄渐长，越来越喜欢轻薄了，因为已经没有女人再说你幼稚了。

倍 装嫩，夜店的学生装还是李宗盛的山丘。

雷 心中稚嫩是电影返老还童的语境，喜欢。

倍 那么和公司里的80、90后比呢？

雷 是沉入水底泛起的油花，与别人说"我还在"。因为他们是真稚嫩我是装稚嫩，有设计师的色彩。

倍 哈，拗过造型的嫩，人工嫩。不过只有老了才知"嫩"的味道。

何陋轩

雷 是竹林下了夜雨与黄瓜无关。

倍 这也是文化，认知就是文化，情绪和经验发酵了。

雷 我篡改一段本是关于摄影的文字：对所有真正具有洞察的人而言，你的微信就是你的生活纪录。人们有很多理由用微信，更重要的是，微信的用途难以计数，有些动机纯良，有些则否。微信用照片为节日留念、记录儿女成长、别具心裁地表现自己、记下自己对世界的观点，或是用来改变他人对世界的看法。微信也同时可作为个人记忆的居所、历史文件、宣传品、监视工具、色情作品、或是艺术品。我们认为微信的内容都是事实，但微信也可以是虚构的创作、隐喻或诗歌。微信属于此时此地，但也是最强大的时空胶囊。微信可以是完全的实用主义，也可以表现梦境。

倍 从这个意义上讲，你是俺圈里最文化、最不轻薄的。不过，微信本来就是一个史上最强大的"轻薄"媒介。

雷 大家要骂我的，但我是正能量，歇歇鼓鼓劲，还有远路。

倍 远路？哈，原来抱负心在这里。

雷 人生就是未知的远路，不可知，无抱负但求睡得着。 **END**

筱原一男：
空间的力量

撰　文 | 河西
图片提供 | 上海当代艺术博物馆

2014年4月19日，"筱原一男"建筑回顾展在上海当代艺术博物馆开幕，这是全亚洲首次筱原一男的大型展览，带我们进入筱原一男这个陌生的巨匠的世界，向你展示空间的力量。

提到筱原一男的名字，你可能会感到陌生，可如果告诉你，他是日本殿堂级建筑大师伊东丰雄、长谷川逸子和坂本一成的老师，伊东丰雄和他的弟子妹岛和世又都获得了世界建筑最高奖——普利茨克建筑奖，你会不会肃然起敬？筱原一男，在日本开创了"筱原学派"，2010年威尼斯建筑双年展上，在妹岛和世的努力下，他在辞世四年之后获得"纪念金狮奖"，这也算是对他建筑成就的一种迟到的肯定吧。

上海当代艺术博物馆的大展，伊东丰雄、长谷川逸子、坂本一成亲临现场，缅怀恩师，解读设计。在本次展览中，观众不仅能通过摄影、模型、语录、影像、文献等媒介领略筱原一男的代表性作品，还将看到首次公开展出的筱原为自宅"横滨之家"（1985）设计的家具，以及遗作"蓼科山地的初等几何计划"（2006）的珍贵手稿。"蓼科山地的初等几何计划"可谓筱原晚年生命的支柱，一个被疾病寝驻的矛盾综合体。它历经十余年修改，三万多张图纸，筱原一男终其一生也未能目睹他最后的心血化为现实。

小津安二郎的味道

筱原一男早期的作品有一种小津安二郎的味道。你看"大屋顶之家"、"白之家"、"土间之家"中的坡屋顶、格扇窗户、35mm超薄仿佛日式拉门的墙壁、木制桌椅，一股浓浓的日本味道扑面而来。他做这些建筑，受到他的老师清家清的影响。在"伞之家"中，他第一次使用了瓦屋顶，外墙是白石灰，内部则涂上白漆，在这中间，一根抛了光的杉木圆柱背对着一堵宽10m、高3.6m的白墙，静态的构成中表现出对永恒性的期待，他说："但愿我设计的住宅，无论到何时都能站立在大地上，直到世界的尽头。如果这是美丽而优质的空间，想必它会有更长久存在的权利吧。""白之家"最初发表时，有人批评说这样白色的空间没有任何意义，但

是筱原一男强调这是抽象出的日本性的现代表现，因为对筱原来说，这才是最日本化的建筑表情。

在一篇名为《日本本无空间》的论文中，筱原一男仔细分析了日本古典建筑的代表桂离宫，尝试着梳理日本建筑空间的构成。那时候，他想，被战后日本抛弃的日本传统，如此美丽地绽放在他面前。这一次的相遇，让他决心去寻找属于他自己的时间和空间的艺术。

当时，西方现代主义建筑风潮席卷日本，而筱原一男却不为所动。从表面上来看，筱原一男的作品就是极简主义，但它不是西方的极简主义，而是从日本建筑的血液中流淌出的极简主义。那些头脑中突然浮现的随机的形，简洁而又粗野地落笔到建筑草图上，进而发展为

他坚信是艺术品的住宅设计。

筱原一男建筑回顾展策展人、上海当代博物馆馆长龚彦说："这一阶段，筱原一男思考的重心主要是和传统对话，这受到了他的老师清家清的影响，他最早的理想就是帮助他的老师实现传统的日本住宅，这一时期他直觉自己与传统是密不可分的，他觉得建筑就等同于传统。而此时正值现代主义风潮席卷日本，筱原一男在建造的过程当中发现，日本的现代主义就蕴含在传统建筑当中，于是开始将两者融合起来。他的作品有一个根本的特点，就是极简性和纯粹性。这个纯粹与极简并非刻意定义的概念，而是能够通过肉身感受到的精神气质。筱原一男对此深有感触并全身心地投入其中，这一投入就是15年。他用了15年完成了第一样式。"

永恒之地

20世纪60年代末，筱原一男结束了与日本传统的长期对话，告别了传统的有机空间，开始转向与之相对的"无机空间"。

看上去，就像是一个个立方体，不过是西方现代主义的翻版，但筱原一男赋予了这些立方体以新的象征意义。筱原一男觉得，像"白之家"这样的纯白空间，是日本传统的抽象结晶。

1962年，他将目光投向了都市，以金泽观音町、高山上三之町为对象进行日本聚落形态的研究，最终，他得出的结论是："未来都市的结构必然是极为抽象的体系。无数的都市函数集合在一起，即都市函数空间将会规定未来都市的结构。"看来，筱原先生的高等数学真是没白学，从根本上说，他就是个数学家，在他眼中，地表上的任何一个建筑，就是一个函数，而连接它们的道路、交通设施，都成为超多次元的变量，让建筑充满了可能性。

1967年，他提出，整个都市，就是一个巨大而没有条理的复杂空间，只可能作为高度复杂的抽象数学体系才可能得以表现。在小空间的住宅中，他插入混沌的城市碎片，这种做法是从"上原的住宅"开始的。

上海大舍建筑工作室主持建筑师柳亦春曾去"上原的住宅"参观，对裸露的结构构件在空间中的状态印象深刻，他说："'谷川的住宅'暴露的结构是木头的，'上原的住宅'暴露的是混凝土，呈现出完全不同的视觉体验。'谷川的住宅'我虽然没有去过，但是我看照片的感觉是人的身体在里面会有一种空荡荡的感觉，房子里似乎存在一个幽灵。'上原的住宅'感觉却是很紧张的，结构和身体是对抗的感觉，人好像在和某种力量对抗着，人是强的。而'谷川的住宅'则好像是人在寻求某种力量，人是弱的。"

日本青年建筑师长谷川豪则认为，从冲撞的激烈程度来看，"谷川的住宅"比"上原的住宅"要厉害得多！他设计的"森林中的阁楼"，

下部是自然环境，上部是人工空间，就深受"谷川的住宅"的影响。其实这一手法，在筱原一男的处女作中就已经运用过了。

1954年，刚刚从东京工业大学建筑学科毕业的筱原一男完成了他的处女作："久我山之家"。这栋住宅紧邻帝都线久我山站，田地里种植着茶树，西南角上有漂亮的马头观音和八重樱，东侧则是百年树龄的榉树。架空的底层与周边土地联系在一起，下层停车，二层是生活空间。

长谷川豪说："看'上原的住宅'，单看照片的话会觉得室内的柱子极其强大，但其实如果在里面坐十分钟以上，你会觉得柱子其实也并没有什么特别不可思议的。在里面喝上十分钟的茶，就会觉得柱子只是一种存在，它和墙之间并没有什么特别的不同。无论是它的尺度也好、内部的分割方式也好存在的方式也好，跟一般的住宅没有太大的区别。这就是筱原一男令人感到不可思议的地方。"

长谷川豪提醒大家，看筱原一男的建筑，要到实地，照片上看是一种状态，实地看又是另一番景象："进入到真实的空间又可以感觉到身体尺度的存在，或者可以说那是一种新的自然状态。"那是让长谷川豪特别佩服并感到惊讶的地方。

有时候，筱原一男建筑的尺度有点诡异。

1974年，他为著名诗人谷川俊太郎设计了"谷川的住宅"，这个大谷仓一般的住宅，有时候会觉得它是不是太大了，尺度出现了偏差。长谷川豪这样解释说："柯布西耶是以一种'人体尺度'（human scale）来为身体服务。而筱原对'人体尺度'是否能够呈现出一种存在的意义，是持有非常质疑态度的。筱原一男恰恰是通过一种非人类的存在，甚至是超尺度的存在，来让身体重新唤起一种共鸣、一种生的感觉。"

"'谷川之家'建造在一座倾斜的坡道之上，"龚彦说，"落差大约在1.5m左右，这张图片是日本著名文学评论家多木浩二将照相机

放在地上拍摄而来的，所以才有这样干净的斜线，突出了椅子和地面交叉的那一点。多木浩二能够从这样一个落差来理解筱原一男想表达的重点，足见他对于筱原一男的了解。"

以一种既洗练又粗暴的方式，筱原试图唤醒一种生命的蛮力。"白之家"中略显突兀的柱子，"上原的住宅"中非常醒目的混凝土斜撑都是如此强悍地刺入你的眼帘，让你刺痛，让你感受到空间的力量。在长谷川豪看来，筱原一男特别考虑的一点就是："怎样在冲突的环境中以建筑的方式来重新获得一种存在。"这是一点都没错的，冲突有时候会让人感觉不舒服，但同时，也让人思考，这些戏剧化的空间，建筑师到底要表达什么意思。

有意思的是，也正是通过多木浩二，筱原一男认识了罗兰·巴特，并受到罗兰·巴特符号学的巨大影响。

此后，筱原一男考虑的是室内与室外的关系，慢慢地从一个封闭的空间走向了城市。从这一时期的作品可以看到，墙是墙，梁是梁，地面是地面，没有经过过分的处理，这就是他提出的"裸形的空间"，对形态与结构不多做处理，令其有一个纯粹的表现。

在筱原一男的晚年，他的代表作毫无疑问就是"东京工业大学百年纪念馆"。"现在它还是东京工业大学中一座非常重要的展馆，"龚彦说，"这个建筑面积其实也不算太大，却是筱原一男生平当中最大的一座建筑。在这一阶段，他才开始设计一些公共建筑，也尝试参与了一些国际竞赛，但是基本上都失败了，这也是他一直耿耿于怀的地方，我们在这次的展览中也会展出很多他未能建成的建筑作品。"

2006年7月15日下午1点13分，筱原一男的弟子坂本一成清楚地记得，那天，天气预报原本是多云，午后，老天却突然变脸。闪电刺向眼底，大雨倾盆而下。

就在那场暴风雨之后，日本建筑大师筱原一男去了一个永恒之地。🔲

"蜕变的舞步"亮相震旦博物馆

2014年中法文化之春艺术节的新锐演出，"蜕变的舞步"，以新媒体互动艺术展的方式，在上海震旦博物馆展出。法国马赛的艺术团体n+n Corsino 由艺术家 Norbert Corsino 和 Nicole Corsino 夫妇组成。作品以尖端科技，捕捉人体在舞蹈律动中千变万化的细微动作，融合文学、艺术、电影、音乐等跨领域手法，为观众带来奇妙的感官体验。观众不仅能领略艺术家既科技又诗意的代表作，还能欣赏到他们从震旦馆藏中汲取古文化灵感，美如春舞的新创作。展览时间至 2014 年 7 月 27 日闭幕。

2014 房地产开发设计年会
暨第九届金盘奖活动周启动仪式举行

2014 年 4 月 10 日，2014 房地产开发设计年会暨第九届金盘奖活动周启动仪式在上海大宁福朋喜来登酒店举行，该活动由《时代楼盘》杂志社发起，唐艺设计资讯集团承办，中国建筑学会中国人居环境专业委员会协办。金盘奖是致力于为楼盘产品设计树立标杆，引领地产行业健康发展，为提升城市建筑面貌发挥积极作用的房地产设计类综合性大奖；是中国目前最具权威的民间地产设计大奖。

金盘奖侧重对大众认为的"好楼盘"（品质、艺术、人居、价值）进行评选。从 2006 年起每年一届，历经 9 个月，活动遍及北京、上海、广州、深圳、成都等各大城市。金盘奖下设综合类、空间类以及年度金盘人物三大类共 14 个奖项，评委阵容涉及知名开发商、一线实操知名设计师、学院派专家、知名地产媒体总编，官方网站（金盘网 www.kinpan.com）上更增设大众投票，大众选择也参与评选。奖项获得者将获得奖杯及荣誉证书。

Arup Associates 先锋 50 周年展

为了庆祝 Arup Associates 成立 50 周年，充分展现其一体化设计和可持续性的先锋理念，Arup Associates 于 2014 年 3 月 25 日在上海南岸艺术中心启动了为期两周的展览及创意活动。展览总结回顾 Arup Associates 从 1963 年到 2013 年五十年间的发展历程及重要作品，以及之前从未公开过的许多珍贵档案资料和目前正在设计中的项目，展现 Arup Associates 将艺术与科学融为一体并将绿色可持续设计贯穿始终的先锋实践和创新精神。除展览之外，由 Arup Associates 组织发起并联合美国建筑师协会、英国皇家建筑师协会等举行的关于设计、艺术和创新等相关主题的演讲和讨论也同期进行。

"庞玻"全球彩色喷墨 OEM 中心正式亮相

第 25 届玻璃工业技术展览会于 2014 年 4 月 14 日~17 日在上海盛大举办。素以研发最新平板玻璃工艺出名的佛山市金耀华 JYC 玻璃有限公司也参与了此次盛会。公司此次推出以"庞玻"为品牌的数码喷印玻璃材料，成立"庞玻全球彩色喷墨 OEM 中心"，邀请艺术家合作"公共艺术"，为艺术家完成作品并代理所有艺术家的玻璃作品。在此次展会中，主推"庞玻"系列产品，此次与台湾艺术家 Susan lii Miller（李瑞凤）/ 苏山合作的，高达 3.9m 的超大数码喷印玻璃椅子在现场亮相。这次为李瑞凤首次在内地发表新作品，此次与"庞玻"的合作是以平板玻璃为素材，将她擅长的"雕塑"、"设计"、"玻璃"结合在一起，390cm 高的两把超大椅子，首度在展会上亮相。据了解，该中心在此次展会上还推出了系列对谈，分别是陈燕飞与 Susan lii Miller（李瑞凤）的对谈《中国与西方家具有趣的变化（从功能进化到心灵滋养）》；朱敬一与 Susan lii Miller（李瑞凤）的对谈《艺术应该如何作最好的呈现》则将所有艺术展现在世人眼前的过程呈现了出来，并浅谈现代人类对艺术的渴望；"庞玻"总经理庞景华与 Susan lii Miller（李瑞凤）则以《平板玻璃工艺的进化论》为主题，介绍了"庞玻"的历史与如何进入工艺玻璃的历程，同时，也介绍了与艺术家合作的想法与实践。

飞利浦第二季新锐照明设计师成长计划正式启动

2014 年 4 月 24 日，飞利浦 2014 年第二季新锐照明设计师成长计划在成都启动。近 30 位国内青年照明设计师和知名照明大师共聚成都，在第二季中担任荣誉导师的国内、国际知名照明设计大师许东亮、施恒照、袁樵、赖雨农也出席了 2014 新锐计划的启动仪式。飞利浦新锐照明设计师成长计划是业内首个为照明设计师度身打造的综合性学习和交流的平台，从启动之初即致力于发展成为一项长期坚持、持续开展的事业。在过去的一年中，24 位新锐照明设计师脱颖而出，通过新锐计划实现了自我成长与突破。第二季成长计划以"城市寻光，智见新锐"为主题，旨在描绘飞利浦所倡导和引领的智能互联照明的未来。飞利浦将一如既往地为学员们精心打造"四位一体"成长计划，用一年的时间，通过"培训授课、参观研讨、项目实践和行业推广"相结合的方式为设计师提供专业支持和启发，共同打造优质的合作平台，进而推动中国照明应用水平的发展和提升。

2014 "苏梨杯·江南之韵"室内设计大赛颁奖典礼暨江南文化设计研讨会召开

由中国建筑学会室内设计分会（CIID）主办的 2014 "苏梨杯·江南之韵"室内设计大赛颁奖典礼暨江南文化设计研讨会，2014 年 4 月 29 日下午在无锡万达喜来登大酒店举行。作为弘扬江南地域文化的传统赛事，本次活动得到众多艺术及设计界的国内外专家学者的大力支持。中国建筑学会室内设计分会（CIID）资深顾问、竞赛部主任李书才先生、中国建筑学会室内设计分会（CIID）副理事长宋微建先生分别致辞，中国建筑学会室内设计分会常务理事、第 36（无锡）专委会会主任杨茂川先生对大赛进行了简要的回顾和总结。本次大赛共收到来自南京、苏州、无锡、镇江等地的作品近 300 件，经过 5 位专家评委认真评审，评选出一批能够很好地体现传承和创新江南文化的优秀设计作品，并最终评选出 5 大类 72 件获奖作品。之后叶放先生、吕永中先生，以及来自美国的柯愓思先生分别从江南园林艺术、江南文化空间营造、江南古典家具的研究等方面做了专题演讲，中外专家还就江南文化进行了热烈的讨论。来自苏州、无锡、镇江、南京等地的优秀设计师和江苏省内六所著名设计院校的师生，共计 300 余人参加了本次活动。

现代设计集团全资控股美国威尔逊室内设计公司

2014 年 2 月 28 日在美国当地，现代设计集团在纽约顺利完成了交割手续，实现了对位列全球酒店餐饮室内设计领域前三甲的美国威尔逊室内设计公司（Wilson & Associates Inc）的全资控股。3 月 25 日，现代设计集团在沪召开威尔逊公司加盟现代设计集团发布会，宣布这一喜讯。会上，集团党委书记、董事长秦云致欢迎词，集团党委副书记、总裁张桦介绍了集团情况和收购情况。上海市国资委副主任林益彬、中国勘察设计协会理事长王素卿、中国建筑设计研究院院长修龙、威尔逊室内设计公司总裁 Olivier 在会上讲话。威尔逊公司加盟现代设计集团，是双方共赢的结果。现代设计集团借上海市国企改革 20 条的东风，抢抓中国（上海）自贸试验区历史性机遇，立足本土、融入国际，着力提升国际竞争力中所迈出的重要一步。威尔逊公司的加盟，将迅速拓宽现代设计集团海外业务拓展的渠道，加快集团的国际化进程。威尔逊公司加盟集团，不仅可以进一步扩大优势业务在中国市场扩展，而且，还能依靠集团建筑设计优势，开拓公共建筑的高端室内设计业务，提升整体设计品质，从而获得更大的发展平台和更广阔的市场。期待强强联手将释放"聚变"效应，推动中国建筑设计再上新台阶。

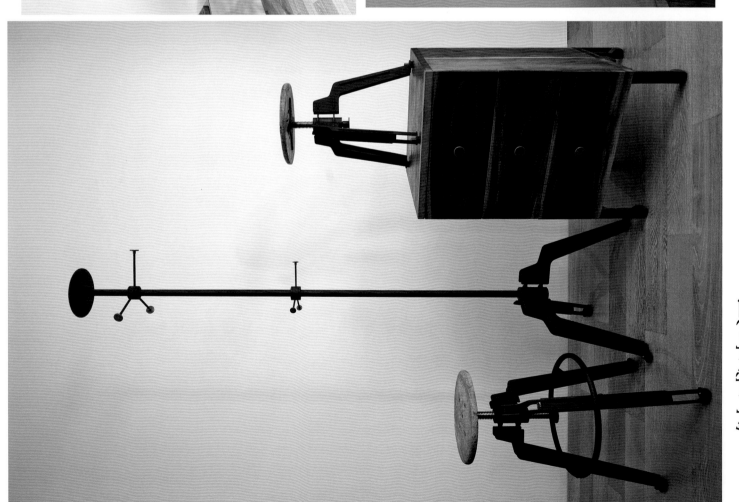

不谋万世者，不足谋一时，

不谋全局者，不足谋一域。

在纷繁变化的今天，

对于人，对于事，对于一个行业，

负责的精神更是一种难能可贵品质。

以负责的态度来做设计，

以负责的态度来评选优秀者。

创建于1998年中国室内设计大奖赛，

以学术性、包容性著称，

至今已成功举办16届，

是中国最具影响力的赛事之一。

经大奖赛脱颖而出的设计师多已成为中国室内设计界的精英。

你对设计的执着，需要这座奖杯的见证！

大奖赛17年，学术精神不变！

中国室内设计
大奖赛
China Interior
Design Awards

◆**特别声明：**"中国室内设计大奖赛"对接中国建筑学会"中国建筑设计奖"

2014年，根据中国建筑学会相关文件要求，CIID作为"中国建筑设计奖"室内设计奖项唯一指定申报单位，将"中国室内设计大奖赛"与中国建筑领域最高荣誉奖之一的"中国建筑设计奖"对接，大奖赛工程类等级奖获奖项目符合中国建筑设计奖申报及评审条件的，将由CIID向中国建筑学会推荐申报"中国建筑设计奖"。

第十七届中国室内设计大奖赛征稿时间：2014年5月至8月

赛事详情敬请咨询：CIID秘书处 010-51196444 或登录：www.ciid.com.cn

18TH CHINA [SHANGHAI]
WALLPAPERS
DECORATIVE TEXTILE & HOME
SOFT DECORATIONS EXPOSITION

2014 [SHANGHAI]
INVESTMENT PROMOTION LETTER
2014' 上海站 欢迎参观

18TH CHINA [SHANGHAI] WALLPAPERS DECORATIVE
TEXTILE & HOME SOFT DECORATIONS EXPOSITION

第十八届中国[上海]墙纸布艺
地毯暨家居软装饰博览会

展会地点 上海·新国际博览中心
LOCATION / Shanghai New International Expo Center

展会时间 **2014年8月6日-8日**
FAIR DATES / Aug.6th- 8th,2014

Approval Authority /批准单位: 中国国际贸易促进委员会
Sponsors /主办单位: 中国室内装饰协会　中国国际展览中心集团公司
Organizer /承办单位: 北京中装华港建筑科技展览有限公司
Official Website /官方网站: Http: www.build-decor.com

SHOW AREA
展览面积 / 120,000 平方米

NO.OF BOOTHS
展位数量 / 7000 余个

LOVE
WALLPAPER
ENJOY LIFE

Address / 地址：Rm.388,4F,Hall 1,CIEC,
No.6 East Beisanhuan Road,Beijing
北京市朝阳区北三环东路 6 号
中国国际展览中心一号馆四层 388 室

Tel /电 话 : +86(0)10-84600901 / 0903
Fax /传 真 : +86(0)10-84600910
E-mail / 邮 箱 : zhanlan0906@sohu.com

北京八番竹照明设计有限公司
BEIJING BAMBOO LIGHTING DESIGN LTD   www.bld-bj.com